别让坏情绪，毁了你的人生

思远 著

中国出版集团 现代出版社

图书在版编目（CIP）数据

别让坏情绪，毁了你的人生 / 思远著. -- 北京：现代出版社，2018.12

ISBN 978-7-5143-7569-5

Ⅰ. ①别… Ⅱ. ①思… Ⅲ. ①情绪－自我控制－通俗读物 Ⅳ. ①B842.6-49

中国版本图书馆CIP数据核字（2018）第274513号

著　　者　思　远
责任编辑　杨学庆
出版发行　现代出版社
地　　址　北京市安定门外安华里504号
邮政编码　100011
电　　话　010-64267325 64245264（传真）
网　　址　www.1980xd.com
电子邮箱　xiandai@cnpitc.com.cn
印　　刷　三河市祥达印刷包装有限公司
开　　本　880mm × 1230mm 1/32
印　　张　8.5
字　　数　205千字
版次印次　2019年3月第1版　2019年3月第1次印刷
标准书号　ISBN 978-7-5143-7569-5
定　　价　39.80元

幸福人生的秘密，是学会和情绪相处

胡慎之

思远邀请我给她的书写推荐序，作为已经认识了五六年的老朋友，我欣然应允。

之所以答应得这么痛快，是因为我知道，她的文字一直是充满灵气的，不会让人失望。

我们每个人，每天都会遇见好多情绪，比如说：某天你起床晚了，眼看就要迟到了，这大概会让你体验到焦虑；到了公司，你听说因为经济寒冬，领导正在拟定裁员计划，这也许会让你感到恐惧；上司无缘无故地指责你任务做得很糟糕，这可能会令你觉得委屈；晚上下班和爱人约了一起晚餐，结果对方没通知你就临时取消了约会，这估计会让你大动干戈，体会到很深的愤怒……

你看，随便一个场景，里面都藏着你的情绪。我们甚至可以不无夸张地说，每一刻的你，都有某种情绪伴随着。

你可能会讶异：睡着了的人，也会有情绪吗？

人在熟睡的时候，的确是最放松的。但也正是因为放松，很多平时你不敢表现出来的东西，恰恰在这个时候就会出现，比如说有的人会在睡觉的时候说梦话、磨牙、打鼾、抽腿、哭泣，甚至梦游，等等。这些看似和情绪没什么关系，但是如果你找个咨询师好好聊一下，也许会发现：噢，原来我平时总是说梦话，是因为压抑了太多的愤怒呀！

所以说，即便是在最放松的熟睡状态，人也是有情绪的，只不过，这些情绪会通过其他"变体"的方式呈现出来。

由此说来，情绪作为24小时和你相伴的一种存在，它也许比任何人都更了解你。

十多年的临床心理咨询生涯，在咨询室的方寸之间，我看见过很多种情绪：有巨大的愤怒，有莫名的恐惧，有满心的委屈，有极大的愤恨，有深深的愧疚，也有难言的无助……每当我感受到来访者的这些情绪，我都会暂时停下来，让我的来访者和他的情绪待一会儿。

情绪是会"说话"的：

愤怒的背后，也许是某个期待没有被满足；

恐惧的背后，可能藏着对亲密的巨大渴望；

委屈的背后，或许对"被看见"有着深深的执着；

……

只有你能够和你的情绪静静地待一会儿的时候，你也许才能够真的聆听清楚，情绪到底在和你说什么。

网络上经常会出现一些和"情绪"相关的句子，比如，"真正强大的人，从来不会被情绪控制"，其实一个人之所以能够不被情绪控制，是因为他了解自己的情绪，清楚自己真正的需求，因此才能反过来去左右自己的情绪，不让失控的情绪去影响自己的人生。

当然，想要真正了解自己的情绪，并不是一件简单的小事儿，它可能需要你花费巨大的心力去面对你的习惯、你的潜意识、你的本能。

如果你觉得自己很努力了，可还是常常体验到被情绪操控的感觉，那么，我很认真地建议你，好好看看思远写的这本书，也许你就会发现，你情绪的后面，其实藏着一个你自己都不记得的故事。

如果你觉得已经很了解自己的情绪了，但还是时常感到不快乐，我同样认真地建议你，好好看看这本书，因为幸福人生的秘密，不仅要了解你的情绪，重要的是，还要学会和它好好相处。

最后，祝思远的这本书广受欢迎，祝看到这本书的你，有一个不被情绪打败的幸福人生。

目录

One

情绪：自卑

Two

情绪：恐惧

Three 情绪：愤怒

Four

情绪：委屈

Five

情绪：焦虑

Six

情绪：抑郁

Seven

情绪：孤独

Eight

情绪：痛苦

Nine

情绪：平静

One

情绪：自卑

学不会爱自己，是因为你从没被好好爱过

心理关键词：客体关系

常常听到有人感叹：想要爱自己，怎么那么难？

我想说：学不会爱自己，是因为你从来没有被好好爱过。

写下这行字的时候，其实我觉得有点难过，因为就这样把冷冰冰的一个真相赤裸裸地摊开，对很多创伤未被治愈的人来说，真的很残忍。

然而，我们总是不能在逃避中走完这一生，真相或许残酷，但是如果我们能够看到它、承认它，或许也是新生的开始。

爱自己，是接纳自己的不好

我们经常说要爱自己，然而，什么是爱自己呢？

曾经有个读者给我留言，说她每天坚持阅读、健身、听音乐，把生活安排得积极又健康，然而为什么还是会感到空虚？

在回答爱自己到底是什么之前，我们来说一下世界上第一个真正的女护士南丁格尔的故事。

南丁格尔出生在19世纪的一个英国贵族家庭，家里有两个很

大的庄园，每年暑假的时候，全家就会跑去其中一个庄园避暑。

在南丁格尔很小的时候，她就表现出和其他小朋友不太一样的地方，譬如她喜欢和庄园里的小猫、小狗、小马驹等各种动物讲话，并且找食物去喂养它们。她还喜欢和父亲的医生朋友跑去贫民区，去照顾那些生活艰辛的民众，从家里拿药、拿被子等各种物资去支援这些贫民。

在19世纪中期，医疗水平远不如现在发达，医院的工作也被贵族视为肮脏的工作，所以在南丁格尔说要选择当护士的时候，父亲大发雷霆，母亲气急败坏，姐姐更是怀疑南丁格尔是不是“中了邪”，但最终，南丁格尔还是坚持了自己的选择，成了一名护士。

19世纪50年代，克里米亚战争爆发，英国作为其中参战的一方，因为医疗水平有限，战场战士死亡率高达50%。南丁格尔主动请缨，带领38名护士，组成了战地护士小组，竭尽所能去护理受伤的战士。仅用了半年的时间，战地死亡率就降到了2.2%。后来，南丁格尔还用政府奖励她的4000英镑，建立了第一所正规的护士学校。

为了纪念南丁格尔，后来人们把她出生的5月12日，定为“护士日”。

南丁格尔之所以被赞颂和纪念，是因为她的内心充满了大爱，她心中时刻牵挂着弱小的、受伤的群体。我们之所以能够感受到这份爱，也是因为她把这股能量传递给了弱者。

她没有说，你是一个上将，我才肯去护理你；

也没有说，你在战场上表现优异，我才肯护理你；

她用行动表达的是：因为你受伤了，所以我来护理你，没有任何外加的条件。

接纳别人的伤痛、接纳别人的弱小、接纳别人的不完美，这就是爱。

同样地，我们只要把上面的宾语换成“自己”，我们就得到了爱自己的定义和答案：**接纳自己的伤痛、接纳自己的弱小、接纳自己的不完美，这就是爱自己。**

前文提到的那个读者，她每天努力健身、阅读、运动，这些都是她对自己的“要求”，不是爱。

真正的爱自己是，即使你每天不健身、不读书，你依然能够感受到自己很快乐，因为你不再要求自己一定要优秀，你接纳了自己的平凡和不完美。

没有被爱过的人，难以接纳糟糕的自己

为什么很多人做不到接纳自己的糟糕呢？

在回答这个问题之前，让我们来思考另外一个问题：你是如何变成现在的你的？

你可能会想到自己的原生家庭，继而想到自己叛逆的青春期，然后到步入社会的努力和奋进，这一步一步，你变成了今天的样子。但是，这只是外显的你，是你的一部分。还有很多没有外显出来的、意识无法察觉的你，实际上早在你很年幼的时候，就已经被雕刻了。

想象一下，你是个刚刚呱呱坠地的婴儿，你像一张白纸一样，对这个世界一无所知。但是从你开始有了生命的那一刻开始，你就本能地知道了饥饿或口渴，为了维持自己生存，你哇哇大哭，用这样的信号去告诉你的母亲，你需要吃的了。

遗憾的是，你可能遇见了一个产后抑郁的母亲，她的脸上写

满了对你的嫌弃和厌恶，她只是纹丝不动地坐在那里盯着你，她在你的哭声中获得了自己报复的快感。

你看到那个能维持你生命的人，对你充满了憎恨，你内心很害怕。与此同时，你也知道，除了她，没有其他人能够保证你继续活下去，于是为了保住性命，你选择了认同她，即认同你自己是可憎的、厌恶的。因为只有你认同她，她才能满足你活下去的意愿。

于是，你这张白纸上被画上了第一笔：我是可憎、讨人厌的。

后来，你开始成长，来到了你的童年，你母亲的产后抑郁症早就好了，但可惜的是，她并不是一个有爱的人。所以，当你受伤了，她会说你怎么那么笨；当你被小朋友欺负了，她指责你怎么那么蠢……同样地，对于母亲的权威，你没有能力去反抗，你只能选择去认同，这样才能确保你平安无事地活下去。

于是，你这张白纸被画上了第二笔：我是愚蠢的，我是笨拙的，我受伤的时候，是不会有人支持我的。

…………

就这样，一张洁白无瑕的白纸上，被画上了难看的一笔又一笔，你在浑然不觉中，变成了一张奇怪难看的画。心理学把这个过程叫作“与攻击者认同”，也就是说你通过认同对你进行攻击的父母，把他们对你的不好内化为你对自己的不好。

再后来，你长大了，你心里揣着那幅画四处游走，碰见熟悉的人、陌生的人，你都躲得远远的，因为你生怕他们看见你内心的那幅画。而他们如果说你糟糕，说你不好，你就会暴怒，因为你内心的那幅画已经被各种不好充满了，没有空间再去容纳新的一笔。而当你自己去面对那幅画的时候，你只能失声痛哭，因为那上边没有一笔是好的，你找不到任何力量去面对那幅满目疮痍的画。

这就是我们的自我形成过程，现代心理学家克莱因把这个过程称为“客体关系理论”。与此同时，这也是“没有被爱过的人，无法接纳自己的糟糕”的原因所在。

给自己找一个接纳自己的客体

人生无法重来，面对糟糕的那幅画，我们感受到匮乏，我们找不到面对的力量，是不是就意味着我们只能认命了？只能在匮乏中走完这短暂而又漫长的一生？

当然不是。

你没有一对爱你的父母，但是你可以选择有一个爱你的自己。父母成为不了我们好的客体，我们可以选择让自己成为自己的客体。

当然，必须承认这是很艰难的。因为我们与这个世界（包括我们自己）的链接方式，就是我们从小感受到的方式。比方说，你遇见了一个经常打骂你的父亲，还有一个经常斥责你的母亲，那你和这个世界的链接方式就是打骂和斥责，你感受到的情绪体验是糟糕的。所以当你长大后，也习惯性地用这样的方式去和你周围的世界以及你自己建立链接，它不一定外显为打骂和斥责，但一定是充满攻击性的，譬如易怒、抑郁等。因为只有把自己和别人都搞得很难受，像你童年所体验的那样，你才会感受到自己是存在的，是和外界有联系的。

在这样的情况下，让你做自己的客体，让你对自己好一点，实际上很难很难，因为你不习惯，你会无所适从。

如果你的人生走到了这个境遇，你有两个选择去改变这种状况：

其一，你可以找一个专业的心理咨询师，帮你处理童年的创伤，同时通过和心理咨询师建立链接，把一个接纳你的客体重新内化为一部分自我，帮助你完成自我的重建。

其二，如果你没有条件去找专业的心理咨询师求助，你可以找一个接纳你的客体，比如你亲密的朋友，或者一个爱的能力很强的伴侣。他们对你的接纳，都可以帮助你完成自我修复。

不管现实如何艰难，请一定要相信：总是有人会爱你。

譬如未曾谋面的我，就愿意在心中为未曾谋面的你祈求新生。

心启发

如何做到爱自己

- 不要抗拒自己糟糕的部分，允许它存在，接纳它的存在。
- 不要隔离自己，去和那些积极阳光、有爱的能力的人去交流和交往。
- 要在内心深信，自己是值得被爱的。

没有人注定只能做配菜

心理关键词：自卑情结

很多人身边都有这样的朋友：长得不错，有名牌学校或者留学的经历，也有一份在外人看来不错的工作……就是那种方方面面看上去都算闪亮的人。

你本以为他们的生活应该是活色生香的，但真的走近，你却发现，原来他们从来不觉得自己闪亮，反而总认为自己似乎一无是处，就像西餐里的土豆一样——永远只能做配菜。

这种自认为是“土豆小姐/先生”的人，骨子里其实都深藏着一个自卑的灵魂。

何为“自卑情结”

赵小叶（化名）出现在咨询室的时候，我内心的第一反应是：这姑娘真漂亮。黑亮的长发，浅浅的梨涡，皮肤白皙紧致，有着典型的东方气质美感。

毕业于某“985”名校的赵小叶，是一名法学硕士，毕业后参加了公务员系统考试，如今在某一线城市的检察院系统工作。她父母都是老师，家里算得上是书香门第……赵小叶的一切，在外人看来，都相当美好。

可如此美好的姑娘，找我咨询的核心问题，竟是觉得自己非常自卑。

每个人都可能有自卑的时候，譬如看到同事晒的马甲线、听到同班同学C轮融资1亿美金、饭局上别人高谈阔论而你根本插不上话……这时我们多多少少都会产生自卑感。不过，这些都是偶发的自卑情绪，它和赵小叶口中的“自卑”不太一样。

在赵小叶的生活中，自卑感不是偶发的，它是如影随形的。比方说：

无论在工作场合还是生活场合，她总觉得周围人都格外关注她，而且这种关注绝非善意的，而是看透了她内心的脆弱；

在工作中，同事们一句无心的话，总会让她产生过度反应，觉得别人对她有敌意；

平时她总是谨小慎微，习惯用讨好的方式来应对外界；

在人际交往上，她总是试图融入某个圈子，但是她隐隐觉得，自己好像和哪个圈子都离得很远。

赵小叶和我说，她总觉得惴惴不安，感觉自己特别差劲。虽然有很多男孩在追求她，但是她压根儿不敢接受，因为她特别害怕，将来那些男孩发现她真实的样子，就不再喜欢她了。

赵小叶所体验到的“自卑”，在心理学上叫作“自卑情结”。

“自卑情结”是由个体心理学家阿德勒提出来的一个概念，是指一个人有一种持续的、稳定的、不间断的“我不好、我很差”的自我认知，这个自我认知会一连串地影响这个人的情感模式、行为模式、认知模式等。

自卑情结是如何产生的

也许你会好奇：像赵小叶这样各方面条件都不错的姑娘，为什么会有自卑情结呢?

自卑情结的发生，跟一个人早年的母婴环境紧密相关。

在赵小叶的记忆中，她妈妈是一个控制欲特别强、特别爱面子、几乎从不夸奖她的形象。让赵小叶印象比较深刻的是，妈妈只和她谈论学习，从来不谈感受。

小学二年级的时候，赵小叶和同班的好朋友闹了矛盾，好朋友带着其他女同学孤立她，她感到非常难受，哭着回了家。妈妈听闻赵小叶哭的原因后，没有安慰她，反倒说她为了这么点小事就哭鼻子，是个没用的孩子，并且喝声制止赵小叶哭泣，让她赶紧去写作业。

从这样一个典型的互动事件中，你也许会发现，如果母亲是一面镜子，赵小叶从这面镜子里看到的自己是这样的：我不应该难过，我很窝囊，我太没用了。

如果仅仅是受到过一次这样的对待，赵小叶的人生也许不会有太大的波澜，然而由于母亲的人格问题，类似的事情在赵小叶的成长过程中简直如同家常便饭。换言之，“我太没用”这样的自我认知，在赵小叶很小的时候就形成了，并且一直伴随着她长大，形成了她潜意识里最核心的信念。

这就是自卑情结的形成过程：从生命早期开始，母亲就使用了不恰当的方式对待她，她通过“投射性认同”的方式，将母亲传递给自己的“你很差劲”内化成为自己的核心信念，从此，她在情感模式上、行为模式上，都会被“我很差劲”这个观念牵引和指挥着。

没有人会天生喜欢自己不如别人，赵小叶也一样，虽然她从小就内化了“我很差劲”的观念，但她的内心其实一直也在挣扎，她希望自己能够甩掉这个讨厌的标签，她希望变得更优秀、更美好，从而换来母亲的认同，得到其他人对自己的认可。

一方面觉得自己很差劲，一方面又渴望变得完美，这样的内心冲突，将赵小叶置身于痛苦的深渊。

有自卑情结的人，大多数都和赵小叶一样，有一些明显的共同点。比如：

▷ 性格比较敏感，很容易捕捉到别人对自己的攻击；

▷ 安全感偏低，在关键时刻总觉得自身力量不足以应对惊险的外部世界；

▷ 需要较强的掌控感，以此来获取安全感，有些稍严重的会发展出强迫行为；

▷ 个别人会呈现出明显的躯体化反应，比如身体比较僵硬、紧张，以及莫名的疼痛等。

如何摆脱自卑情结

偶发的自卑情绪并不会给我们带来不良的影响，甚至会成为我们前进的动力，但是自卑情结却促使我们进入某种恶性循环，是一定要尽力摆脱的。

所谓知己知彼百战不殆，想要摆脱它，自然首先搞清楚它在我们的意识里是如何工作的。

实际上，自卑情结在我们的意识里是以一个固有链条的模式，驱动我们做出相应的情感和行为反应。它表现为以下形式：

触发情境—负面预期—无效行为—自我价值确认—自责—再次自卑

翻译得直白一点，大概是这样的：

隔壁老王又D轮融资了，这次2亿美金啊（触发情境），我怎么还是这么衰？我也想像他那么成功，但是我好像做不到啊（负面预期），算了，我还是放弃吧（无效行为）。你看，我果然不够好，果然不行（自我价值确认），××，你简直就是个垃圾（自责），然后再次感受被人碾压的自卑。

这就是自卑情结在我们大脑里耍的小把戏。

想要摆脱自卑，关键是要在核心观念里确认自己有价值，确认自己足够好。

▸ 你可以选择拒绝认同外界对你的评价

“你很差劲”“你很窝囊”这样的评价标签，只是别人价值观的呈现，它不等同于真实的你，所以，即便全世界都觉得你很差劲，你都有权利选择不认同，不被外界的观念捆绑。

▸ 减少对自己的负面预期

每个有自卑情结的人，潜意识层面都深信自己“我不行”，所以面对外部世界的时候，容易陷入负面预期。

当有情境引发你自卑情结发生的时候，你先不要急于给自己下一个“我不行”的定论。你可以问问自己：

▷ 我能够做什么？

▷ 做的这些事情能不能给现状带来一些改变？

▷ 有没有家人或者朋友能够支持我去达成对自我的期待？

你提问的过程，实际上就是和自动化思维（“你不行”）阻抗的过程，通过提问你会让自己更平静地思考，同时获取社会支持，你会更加有力量去面对自己，从而减少对事件的负面预期。

▸ 增加有效行为

所谓有效行为，即能够促使你朝理想自我更进一步的行为。

譬如：你的理想自我是变得更外向，那么你可以让自己练习每天主动跟3个朋友打招呼；如果你想赚更多的钱，你不妨先让自己多学一门技艺，譬如平面设计，然后再去找份兼职；如果你想找到理想的伴侣，不妨去搜搜有哪些不错的同城活动，然后尽量出席，提升一下和理想伴侣相遇的概率……

有效的行为，尽量制定得微小并且可完成，因为只有这样，它们才能正向累加，形成你的自信，促使你实现目标。

说到这里，我想跟大家分享一个故事。

你有没有想过，一个盲人的生活，会是什么样的？

可能在按摩院里给来来往往的客人按摩，或者在街边摆个地摊给人算卦，他们不会用手机，不能用电脑，体验不到这个世界的五彩斑斓，只能在一片漆黑的世界里哀伤地活着……

这大概是大多数人对于盲人生活的想象。

然而，曾经参加网络视频节目奇葩大会的盲人蔡聪，就活出了一种和大多数人的想象完全不同的人生。

蔡聪并非天生是盲人，在他10岁那年，由于用错药物，导致视力下降到0.5，后来又下降到0.2。

视力0.2是个什么概念呢？就是走在路上，如果盲杖碰到了一辆自行车，他会很奇怪这是个什么东西。是的，0.2几乎等于全盲。

和大多数盲人的生活轨迹一样，由于视力问题蔡聪没有办法参加普通高考，最后去了长春一所高校的特殊学院，学习了盲人按摩。在快毕业的那一年，蔡聪去了北京一家按摩机构实习，当他坐在按摩床前，等待着客人到来的时候，他听见风扇在旁边呼呼作响的声音，这样的生活让他体验到了无尽的虚空，于是他连实习工资都没要，拿着行李就仓皇地奔回了老家。

回到老家的蔡聪，在网络上偶然得知盲人公益组织“一加一”在招聘，他投了简历。在后续的面试中，蔡聪收到了一道这样的题目：“如果《非诚勿扰》组织盲人相亲专场，你是否愿意去参加？”

蔡聪回答道：“当然不去，针对盲人设立专场，这本身就是对盲人有一种误解和歧视。”这个答案深得面试机构的赞同，于是蔡聪成了“一加一”的重要一员。

蔡聪说，他记得自己刚上大学的时候，第一堂课上老师就告诉他们：“你们是一群特殊的人群，以后的职业也非常有限，要学好按摩，让它成为你们的一技之长，你们才能很好地生活下去。”

很显然，蔡聪并不认同这位老师说的话。在他眼里，他大学的盲人同学们除了视力比人差一点之外，其他没有什么不同，甚至他认为很多同学都是天才，有会弹钢琴的，有会拉二胡的，还有会吹笛子的。除了按摩和算命，盲人还有很多可以发展的职业空间。

蔡聪坚信于此，也用行动证明着。

如今的蔡聪是“一加一”残障人公益集团合伙人、“有人文化”CEO、哈佛大学法学院残障事业发展项目培训师、联合国残障平等意识培训引导师社区成员、国际残障联盟认证联合国《残疾人权利公约》培训师、联合国可持续发展战略与目标培训师、非视觉摄影培训师……

是的，没有人能定义你的生活。

谁说盲人就只能一辈子在按摩院给人按摩，谁说土豆注定只能做配菜？

与其按照别人贴的标签悲哀地活着，不如为了自己想要的活法奋力一搏。

每一位“土豆先生/小姐”都要坚信，你自己的内在拥有极大的力量，可以强大到足以对命运进行逆袭。

心启发

如何告别自卑

- 客观认识自己，把习惯性的“我不行”换成“我可以”。
- 用一步又一步微小的行动去证明“我可以”。
- 不要总是强迫自己变得完美，进步时给自己奖励，停滞时给自己鼓励，这样的你，就足够完美了。

你有权利不成功

心理关键词：自我认同

她的故事

刘美丽不太喜欢别人叫她本名刘美丽，更喜欢别人叫她薇薇安。

大抵是因为刘美丽这个名字有些土气，与她渴望的成功形象差得有点远。

当年，那位农村出生、没读过什么书的母亲在给女儿取名字的时候，大概怀着非常简单而纯粹的心愿：希望女儿长得美丽一点。

这就是刘美丽的人生起点：在一个安徽农村的普普通通人家出生，有一对没怎么读过书的父母，过着不太富裕，甚至有些拮据的生活。

刘美丽的父亲十分重男轻女，觉得女孩一文不值。

“一文不值”，这个标签大概从刘美丽呱呱坠地的那一刻起，就从父亲对她的冷眼旁观和毫不关心中，通过“投射性认同”的方式，深深地烙印在了她心底。

父亲的冷漠，激起了刘美丽战斗的欲望：我要努力向你证明，我是有价值的！我是值得被你爱的！我一点也不会比男孩差！

父亲不爱她，于是她渴望通过变得优秀来改变父亲对自己的态度，便成了刘美丽隐性的行为动力。她大概不知道，在她之后的三十几年的成长中，都是这只隐形的手在支配她。

还好，刘美丽没有让自己失望。在她34岁这年，终于成为某知名网络媒体的华南区销售总监，而且，如她母亲的愿望一样，她长成了风姿绰约的漂亮姑娘。

可就是这样一位闪闪发亮的姑娘，在我跟聊天进行自我评价的时候，却用了这样的词：自卑、孤傲、拖延……清一色的负面词汇。她说她自己非常痛苦，总是觉得哪里不对，但是不知道问题究竟出在了哪里。

为什么一个明明在大家眼里至少有90分的姑娘，会觉得自己的世界暗无天日，认为自己是个连及格线都过不了的人？

秘密在于，她的自我认同出了错。

自我认同为什么会出错

“自我认同”是美国心理学家埃里克森首先提出来的一个心理学概念，也被称为“自我的同一性”。这是一个用专业术语解释起来比较复杂的概念，你可以简单地把它理解为：**你知道自己是谁，并且对所认知的自己抱有一种持续的、稳定的认同感。**

刘美丽之所以觉得很痛苦、不知道到底哪里出了问题，原因就在于她没有办法做到为自己提供稳定的、持续的认同感。

孩子天生就有认同父母的倾向，尽管刘美丽有一个不太爱她的父亲，很无奈，她还是从潜意识里认同了他：即，她是一个不该来到这个世界上的人，一个不值得被爱的人，一个毫无价值的人。

心理学上管这个现象叫作“投射性认同”，简单来说，就是你把外界环境对你的影响和评价内化为你的自我认知的过程。

通过投射性认同，刘美丽认同了父亲对她的否定，认同了她不值得被爱，同时她极度渴望被他肯定。因此看似矛盾的、二元对立的两股力量，就成为刘美丽生命中最重要的驱动力：一方面，竭尽所能地做到最优秀，希望能换来爸爸的肯定和爱；另一方面，另一个声音在对她说：“省省吧，反正不管怎么样都没人会爱你的。”

这就是刘美丽自我认同度低的根源：因为在原生家庭遭遇了被忽略的创伤，导致内在自我分裂，没有办法完成有效的整合。她的体内好像有两个小人儿在打仗，一个很骄傲，一个很自卑，当某一个内在小人儿主宰的时候，她的外在就会相应地呈现出对应的状态。

勤奋学习、考取名校、努力赚钱、追求成功……这都是那个骄傲的小人儿在做主宰，这个看似光鲜亮丽的刘美丽，会被外人解读为追求生命价值的正能量girl，她自己甚至也会这么想，但是她不知道的是，她所做的一切，不过都是为弥补童年的黑洞，即渴望父亲的认同。她的内心语言是：“你看，家里不是条件不好吗？但是我成功了，我赚了很多钱，爸爸，你该爱我了吧？”

可是每每她取得一定成绩的时候，那个自卑的小人儿又开始占据上风了，因为在刘美丽的潜意识里，所有的成绩都不是她这个一文不值的人应得的，所以她看着到手的荣誉和成绩，又会体验到不适。为了驱赶这种不适，她会用拖延、逃避等方式去处理工作和人际关系，以缓解自己内心的焦虑和冲突。

这种矛盾的、不稳定的、时好时坏的状态，让刘美丽看上去就像一个走失在森林中的小孩，迷茫、不知归途。

如何提升自我认同感

在日常咨询中，也经常有人和我说起各种各样的对自我不满的状况。譬如：

朋友说去看《战狼》，明明你很讨厌主旋律电影，却还是假装开心地说好；

同事只是说你这个PPT的排版和底色不太好，你就用一句“你行你来啊”冷冷地怼回去；

追求你的人很多，你偏偏挑一个各方面条件都很一般的男生；

路过茶水间看见别人窃窃私语，总觉得他们正在议论你；

…………

如果这些情况常常发生在你的身上，那么很可能你就是另外一个刘美丽，正在无意识地给自己画叉叉。

那么，我们如何才能从对自己画叉叉转变成画钩钩，提升自己的自我认同度呢？不妨从以下几个方面做些努力：

▶ **接纳曾经的创伤，学会与自己和解**

每个人的成长过程中，都会多多少少有一些创伤性的体验：有一个不爱自己的爸爸，有一个很焦虑的妈妈，谈了一场痛彻心扉的恋爱，经历了历时很久的失业……

如果没有及时处理好这些创伤，这些糟糕的经历有时会通过潜意识内化为我们自我认同的一部分，然后在我们的体内持续发酵、兴风作浪，让我们把大部分的能量都浪费在自我怀疑之中。

想提高自我认同度的第一步，就是真心地接纳这些发生在我们身上的不美好。我们没有办法重新选择父母、重新经历成长，但是我们时刻都有选择权，对这些不美好的过去说一句：没关系，我接纳你了，你是我的一部分，你让我变得与众不同。

每当你产生自我怀疑的时候，如果你不能找个朋友陪你聊聊，不妨试着和自己对话，大脑的重复性训练会帮助我们形成记忆，这样的重复性训练，可以有效地帮你完成对过去的接纳。

▸ 创造性地提问，找寻真实的自己

我们之所以会自我怀疑、认同度低，很大一部分原因，是因为我们所有的努力，都是在以外界为标准，去弥补某个隐存的黑洞。

就好像刘美丽，她想象不出如果自己不去迎合父亲，不再通过追求成功来证明自己，她的自我价值在哪里。所以，要提高自我认同度，前提是你要清晰地知道自己是谁。

除了原生家庭塑造的一部分自我，我们也会经历社会化历程完善自我的价值体系。在你接纳了原生家庭的自我之后，不妨通过创造性的提问来找寻一下真实的自我到底是什么样的。

什么是创造性的提问？

比如：

▷ 我是一个人待着更快乐，还是和朋友们在一起更开心？

▷ 我是更喜欢在家庭关系中的我，还是更欣赏职场中雷厉风行的我？

▷ 我愿意成为领导者，还是配合者？

▷ 是日常的物质生活更能让我满足，还是深邃的精神探索更能让我快乐？

…………

通过这样的提问，你可以大致勾勒出自己的真实拼图。

▶ 持续不断地去喂养自己

自我认同并不是件一蹴而就的事情，从自我怀疑到自我认同，很可能是一个反复的过程。面对这种情况，你需要做到的就是拥有耐心，持续不断地去喂养你自己，等待自己变强大。

譬如，当你习惯性自我批判的时候，当你忍不住大发雷霆的时候，当你不懂拒绝别人的时候……请努力尝试去戒掉自己的惯性，换一种方式对待自己：把批判换成肯定，把愤怒换成找寻自己的真实需求，把不懂拒绝直接换成say no。

这种戒掉惯性，实际上就是在有意更改你操作系统里那个糟糕的部分，换一种更有营养的方式来喂养你自己。

当那个被你喂养的自我逐渐丰满起来的时候，蜕变也会自然而然地发生。

就好像刘美丽最后对我说的那些话：

“我终于知道，即使我不成功，即使我很普通，但只要我找到了自己，真正地开始爱自己，我就配得上所有的赞颂和欢呼。”

是的，姑娘，你有权利不成功。

心启发

哪些小事可以提升自我认同感

- 找到你的优势并不断扩大，这会增强你的自信心。
- 学会对别人说“不”，卸下“讨好”的防御，不再畏惧他人对你不满。
- 坚持一件让你感到快乐和满足的小事。
- 给自己设置小目标，并且设立奖励机制，常常奖励自己。
- 培养自己主动思考的习惯，告别人云亦云的思维模式。

总活在美图秀秀里，你累不累

心理关键词：人格面具

相信每个人的朋友圈，都有几个女神或男神的存在，他们不仅漂亮、帅气，还多才多艺：会书法、会弹钢琴、会做菜、爱护小动物、风雨不改坚持运动；他们喜欢晒美食、晒鲜花、晒旅行、晒自拍；每天风雨不辍地坚持运动打卡……他们看上去简直完美得无懈可击，不仅仅是外貌，而是整个生活都像被美图秀秀恩宠了一样，涂刷得找不到一丁点瑕疵。

遗憾的是，这个世界其实不存在完美。

看上去完美的他们，很可能是被刻意美颜过的，这个美颜的过程，我们把它称为“戴上人格面具”。

过度的人格面具下，住着一个惶惶不可终日的你

什么是人格面具？人格面具就是为了迎合外界的主流价值观而表现出来的一部分自我，这部分自我很可能不是真实的自己。

譬如你本身是个很内向的人，不爱说话，不喜社交，但是在聚会场合中，你为了不冷场，总是努力表现出外向的一面：积极对事件发表自己的看法，讲小段子来逗大家一笑；调动所有能

量在现场手足舞蹈；等等。在你的努力下，聚会的气氛是很欢乐了，但是当你回到家之后却觉得筋疲力尽，只想躺在沙发上一动不动……这种情况下，你展示给人的外向的一面，其实就是你主动戴上的人格面具。

再譬如你是一个快乐能量值很低的人，独处的时候总觉得世界是灰色的，没什么事情能带给你快乐。但是在同事、朋友面前，你会情不自禁地和大家“分享”：我昨天看了某部电影，很好笑，你们赶快去看；我上次去了哪里旅游，简直是仙境啊；我昨天健身的时候，看到一个超帅超帅的男生，好像彭于晏啊……你用各种看上去很热爱生活的事情，来遮挡你灰暗色的内心世界，这一连串的表现，就是你戴人格面具的过程。

需要指出的是，为了更好地建立人际关系，更好地在社会中发展，我们每个人或多或少都会戴上人格面具。比如为了在职场上提高自己的竞争力，你会表现得更自律；为了让女朋友觉得自己很man，你会夸大自己的运动天赋；等等。

适度的人格面具对个人发展是有益的，但是过度的人格面具则是危险的。

如何衡量过度与适度，要看你有多依赖它。

比方说有些人每天都在朋友圈疯魔地各种晒，意味着他十分需要被外界接纳和赞赏，他对自己价值的确认是通过朋友圈中获得多少个赞来满足的，而一旦少了这些赞，他可能会恐慌、焦虑甚至失眠，这就算是过度依赖人格面具了。

过度依赖人格面具的结果，就是你越来越无法察觉到真实的自己，你的真实自我会一步一步被你表演出来的人格面具蚕食。

有人可能会说，如果真实的自我被吞没了，剩下的都是美好的部分，那岂不是很好吗？

请注意，所有美好的部分都不是真实的你，它是你的“假我”，是类似毛主席口中的“纸老虎”，你会越来越担心它被撕掉、被破坏，你就会像《歌剧魅影》中那个地下“幽灵”，当面具被摘下的那一刻，你会崩溃，会歇斯底里。

过度的人格面具下面，住着一个惶惶不可终日的你。

为什么会依赖人格面具

展现假我，即依赖人格面具，是因为我们觉得自己糟糕透了，没人会喜欢这么糟糕的自己。于是，我们开始表演，表演自己的优秀、杰出、善良、真诚、外向、可爱……嗯，the feeling is so good，继续表演。

所以，人格面具本质上是我们想获得外界接纳、认可，想通过自己创造的假我获得他人的爱。

什么样的人会通过假我来博取他人的爱呢？当然是真我从来没有获得过爱的人。所以，依赖人格面具的人，通常是因为在原生家庭的抚养过程中，和自己的父母没有建立良好的依恋模式，或者是被忽视过，或者是被抛弃过。

他们无法从内心深处认可自己，无法相信有人会爱真实的自己，但与此同时，他们又极度渴望爱，这就会形成他们的“讨好模式”，即通过讨好来发展自己和他人的关系。戴上人格面具，本质上就是讨好外界。

如果，爱能通过“讨好”来获得，能够满足自己，或许人格面具并不是问题，问题就在于，即便讨来了爱，我们依然不相信自己被爱。

我有一位女性朋友，常年在朋友圈晒收到的各种各样的鲜花：520朵红玫瑰、99朵金玫瑰、妖娆的蓝色妖姬……这些花传递的都是爱的信号，但她还是没有办法和其中的任何一位男性建立亲密关系。这是因为她不相信别人会爱上真实的她，她不相信自己展露出脆弱、难堪、糟糕的一面时，这些人还会拿着鲜花站在她面前说“我爱你”。

所有的讨好者，内心都充满了恐惧：害怕不被接纳和认可，害怕让别人失望，害怕被人发现自己其实没有看上去的那么美好，害怕自己被拆穿时狼狈不堪的样子，害怕再次被抛弃……所以，他们即便已经获得了认可和接纳，获得了爱，也会习惯性地拒绝。因为只有拒绝，才能维持自己“看上去很完美”的幻象，才能维持这些短暂的爱和认可。

最后，戴上人格面具的人，往往会陷入一个矛盾的悖论里面：

一方面，渴望被爱被认可。

另一方面，无法接受获得的爱和认可。

这种感觉有点像打某款升级游戏，打着打着，到某一级的时候，死活就是过不去了，买装备、换队友都于事无补，你永远都无法体会坐在王位宝座上的感觉，是不是很绝望？

戴上面具，将自己隔离在真实世界之外，压抑自己的难过、委屈和愤怒，感受不到自己脉搏的跳动、血液的流淌……那是多么广袤的虚无啊，怎么会不绝望呢？

如何摘掉可恶的人格面具

既然如此绝望，我们当然想摘掉人格面具。

摘掉人格面具，本质上就是放弃过度依赖假我、过度迎合别人，然后一点点做回真实自我的过程。

你应该明白，真实的自我不等于糟糕的自我。糟糕只是你的一部分，它也是每个人的一部分。我们每个人自身都存在自私、胆小、懦弱的一面，只不过不同的境遇让有些人能感受到自己阴暗的存在，有些人感受不到。

这就是你首先要做的事：

▶ **调整对自己的认知**

要知道你自己不完全是糟糕的，那些糟糕的一面别人也有。你也有好的一面：阳光、善良、真诚、温暖、开朗、乐观、关心他人、渴望优秀……所有你曾经表现出来的"假我"，都可能是被你压抑的"真我"，你要努力调动自己的积极面，让它主导你的生活。

当负面的东西冒出来的时候，也别慌张别恐惧，要知道，大家都很忙，没有那么多人关注你是不是又胖了5斤，或者是不是已经一个礼拜没有打扫卫生，又或者你刚刚脾气暴躁地跟谁吵了一架。

在这里，跟大家分享一个很有趣的心理学实验：在一些人脸上画一些东西，或是脏物，或是疤痕之类的，然后，在这些人出实验室之前，把他们脸上的东西悄悄抹掉。后来回访这些受试者，问他们是什么感受的时候，他们说感觉自己遭受到了嫌弃的、厌恶的眼光。

这个实验告诉我们一个真相：**我们感受到的一切，实际上不一定是真实发生的，而是通过我们本身对外界的一种投射。**

所以，你要明白，当你觉得别人嫌弃你、不爱你的时候，很可能只是"你觉得"。

▶其次，学会适当地自我暴露

自我暴露，就是展现真实的自己，真实的经历、真实的感受、真实的情绪。

我们之所以不敢暴露自己，是因为我们觉得不安全，缺乏安全感是假我的土壤。要突破这一点，我们可以选择适度地、一点一点地暴露自己。

譬如说，我们可以尝试在朋友圈适当展示一些让自己看起来不那么完美的事情：遇见个不良的滴滴司机，我和他大吵了一架；连续一个星期没运动，体重又多了2斤；有个全新的任务，自己居然忐忑不安失眠了一个晚上……展现一些类似的无伤大雅但又能揭示脆弱的事情，体验一下周围人是否因为这些“负面”事件，对你更加讨厌了。

在这里不妨告诉你一个秘密：实际上适当地展示自己的糟糕，更有利于人际关系的建立，因为人们从心底里都害怕被别人超越太多。

一件件小事的暴露，会慢慢地帮你突破自己，逐步扩大自己的安全感地带，当安全感扩大到一定程度的时候，你就能游刃有余地展现真我了。

▶你要学会欣赏真实的自己

欣赏真实的自己，就是建立自我、认同自我的过程，你的价值不再需要通过外界的声音来确定。

大千世界，繁花三千，牡丹有牡丹的富贵，野菊有野菊的清新……但如果世界只剩下牡丹，或者只有野菊，美好会变得很单调，甚至荡然无存。

于人，也是同样的道理。你或许不清瘦，但是丰腴的体态同样很性感；你或许不温婉，但雷厉风行同样让人敬佩；你或许没工作，但全职妈妈要掌管好一个家同样需要巨大的付出……

因为不同，你才美。学会欣赏你的美。

只有这样，你才不用小心翼翼地看着别人，你才能理直气壮地活出你自己。

最后，套用一句广告语：

美图秀秀虽好，但是也不要贪恋哦！

人这一生，还是要有点“老子就这样，爱咋咋地”的霸气。

心启发

如何摘下面具，做回真实的自己

- 每个人都有不完美的一面，不要怕它被人看见。
- 学会自嘲，把自己的不完美，像个笑话一样说出来。
- 尊重自己内心的感受，尽量不做违背自己感受的任何事。

可以买打折商品，但别过打折的人生

心理关键词：低价值感

每年的双十一，大家都会买买买，然后兴致盎然地等待着快递员把一件又一件打折商品送到家里，这种捡了便宜的感觉，确实让人会体会到很多快乐。

打折商品，让我们有一种“赚到了”的幻觉，可是，如果你过上了打折人生，恐怕就亏大了。

打折人生，源于匮乏的人格芯片

人这一生，纷繁复杂几十年，但仔细掰开来看，其实重中之重，也不过是“做一件什么事”和“爱一个什么人”而已。这两件事换个说法，也可以说是“工作”和“家庭”。

过得明白的人，虽然在小物件上会选择一些打折的东西，追求所谓的性价比，但是在这两件决定人生质量的关键事情上绝不含糊。而有一些活得糊涂的人，总在关键问题上追求折扣，我的朋友小赖就是这样。

小赖姑娘其实长得一点都不赖，一米六七的高挑身材配上标准的鹅蛋脸，比整形医院里面出来的网红脸们看着舒服自然得多。虽然不是清华、北大这样的知名学府毕业，但好歹也是“985”高校法学本科毕业生。总之，身边的朋友们都觉得，小赖姑娘的综合评分怎么说也达到90分的优秀水准。

这样一个90分的姑娘在刚毕业进入社会那阵子，就受到好多男生的追求，其中不乏青年才俊。在众多的追求者中小赖姑娘却看上了一个普通的销售员。朋友们都不太理解也不太看好，除了担心那个男孩的经济实力之外，更重要的是通过一次饭局，大家都觉得那个男生的情商不行——不太顾及别人的感受，有点自我中心主义。可小赖却不这么认为，她觉得那些看上去很优秀的男孩之所以追求她，不是因为爱她，而是为了欺骗她的感情，只有这个情商不高的男孩才会让她觉得安全。尽管没人支持，小赖还是力排众议坚决和那个男孩在一起了。

两人相处三年，小赖从来没有收到过那个男生的任何礼物；有一次小赖要做一个急性手术，那个男孩说在出差无法赶回去让小赖自己上的手术台，小赖说自己在麻醉协议上签字的时候，觉得特别孤独……最终，小赖还是和那个男孩分了手。

分手后的小赖，也并没有在“选择”这件事情上有多大的进步。比方说，有一个很好的工作机会摆在她面前，她不愿意尝试就放弃了，因为觉得自己肯定不行；面对一个自己很喜欢的男生，因为对方各方面都很优秀，她就连跟对方表白的勇气都没有……她还是习惯在一堆备选项里，挑那个最差的。

归根结底，小赖之所以这样，是因为她有一对严苛的父母，从小对她就很严厉挑剔。小赖从父母对待她的方式中，习得了对自我的认知：我是很差劲的，我不配得到好的。而这个认知，就像一个芯片，埋藏在小赖人格底层的代码中，每当遇到要做选择的时候，它就会发挥作用，帮助小赖做决定。就这样，小赖在童年创伤的影响中，一直过着打折的人生。

不打折的人生，就是把时间花在自己喜欢的事上

漫画家蔡志忠在接受媒体采访时曾经说起过他自己的故事，他说在他4岁的时候，看到周边的小朋友都知道自己要做什么，他自己却不知道，为此他感到很焦虑，于是他用了半年的时间，思考自己这辈子到底要做什么。他想来想去，觉得自己好像只会画画，也只喜欢画画，于是，在他4岁多的时候，就立志这辈子要做一个漫画家。

15岁的蔡志忠，辍学从家乡到台北，正式开启了他的绘画生涯，而这画笔一拿，就是30多年。

他将中国经典古籍和禅宗故事相结合，画出了《庄子说》《老子说》《大醉侠》《列子说》等100多部作品，在30多个国家以不同语种翻译出品，其中《庄子说》有7页内容还曾被日本纳入高中基础教材。

1998年，蔡志忠已经相当有名气了，但是他却意外地宣布要闭关，本来计划3年的闭关时间，最后延长到了将近10年。在这10年之中，蔡志忠专心研究物理学，他说他把台湾书店有的150套物理科普读物都通读了一遍。10年后，蔡志忠带着他的新作《东方宇宙》《时间之歌》等4部与物理学相关的作品，与观众见面。

从中国典籍到量子物理，蔡志忠用10年完成了一个新的跨越。

蔡志忠说过的一段话让我记忆犹新："很多人会误解人这一

生很长，其实是不对的，人生其实很短，所以你要尽快想清楚自己到底要做什么，然后就去坚持。坚持下去，你又会发现，其实可以做的事情很多。”

当我们想要问“如何才能拥有不打折的人生”的时候，我想蔡志忠的这段话给出了很好的答案：一是找寻，找寻到你生命中最为闪亮的东西；二是坚持，在坚持中去历练生命的厚度。

在生命这趟旅程中，蔡志忠们可以把自己活成一棵树，经历越多长得越高，越老越是果香满园；但是大多数人却遗憾地在掂量、比较、东跑西窜中，把自己活成了一堵墙，经历越多隔离越深，年纪越大可能性越小。

要过不打折人生，先从童年醒来

身处同样的世道，面对同样的人生，为什么有的人越活越狭窄闭塞；而有的人却老而弥坚，就像蔡志忠？

抛开天时地利人和等这些不可控的因素，我想，造成这不同局面的最根本原因就在于：你是否知道自己是谁？用心理学术语来翻译这句话就是：你的自主性是否足够高？

有些人一辈子都活在童年的梦里，就好像小赖，她认识的自己还是当年那个在父母面前无力反抗的小女孩，内心充满恐惧、自卑、愤怒、委屈，她看不见已经长大了的自己，是可以美丽、勇敢、坚强、自信的。

当她认知的自己是那个懦弱的小女孩时，命运的颠沛流离或者时来运转，她都没有力量去抵抗或者享受，她只懂得把自己安放在一个安全的壳里，最好再也不要遭受童年时那种暴风骤雨般的否定和攻击。所以，你问她要什么，她说不知道；你问她喜欢什么，她也说不知道……一个被保护壳套住的人，自然会失去对这个世界的探索能力。

而有一些人，能够穿越童年的囚笼，用自己的双手去触摸这个世界，感知真实的自己。在他对这个世界的探索中，把自己历练成如来佛祖的手掌心，把人生中的浮躁、缥缈、繁杂都压在五指山下，然后稳如泰山地去一点点靠近那个理想中的自己。

所以，**想要过上不打折的生活，最关键的是你得醒来，从童年的梦里醒来，然后看见此时此刻的自己，一个已经长成大人模样、可以自我负责、可以享受探索的自己。**

只有你看见当下真实的自己，你的内心中才能滋生出勇敢、力量、真挚、洒脱、专注、笃定，你才能够去和命运抗衡。

顾城说，黑夜给了我黑色的眼睛，我却用它来寻找光明。

其实，黑夜给了你黑色的眼睛，你也可以用它来翻白眼，然后彪悍地对命运说："我不服。"

试试看，也许你真的可以靠自己的坚持，去打败命运这个无赖，过上不打折的人生。

心启发

如何告别打折的人生

- 给自己进行深度的自我催眠：我配得上这个世界上最好的东西。
- 找到自己热爱的事情，哪怕一件很小的事，坚持它，在坚持中你会不断获得耐心和自信。
- 常常自省，不要让童年的自己困住现在的你。

Two

情绪：恐惧

谁能给你的爱情上保险

心理关键词：爱的非理性

有个读者给我留言，说自己最近交了一个男朋友，对她很好，但是因为她自身有些抑郁情绪，所以偶尔会导致双方有些不太愉快的交流，对方误以为是自己做得不够好。

她问我到底要不要把自己抑郁这件事情告诉她男朋友，她自己很想告诉他，因为在她看来，如果对方能接受最好，如果不能接受，她也可以“及时止损”。

“止损”这个词是个经济学专有名词，通常我们在股票、期货交易中才会听到。我的这位读者很有创意地把它用在了爱情上，除了一股澎湃的新鲜感扑面而来，我还是忍不住这样回复她：“你用了‘止损’这个词，你害怕损失什么呢？”

很多人面对爱情，可能都会像这位读者一样，有一些害怕的东西，然后就像要买保险一样，采取各种措施去防御自己的害怕。可是，爱情这件事，真的需要上保险吗？

你害怕损失什么

按照经济学理论，我们在做一项投资决策的时候，需要计算的成本无非包含时间成本、资金成本和机会成本。而感情这件事可能还需要计算另外一项成本，即情感成本，或者叫情感投入。

在清楚了自己投入的成本后，我们就可以很清晰地分析出在感情中自己到底害怕失去什么。

是时间吗？

谈恋爱大概是每个人都必经的人生经历，不是跟眼下这个谈，也会跟别的人谈，所以时间成本是必不可少的，这大概也不是我们担心要失去的。

是资金吗？

由于我国的传统文化所致，恋爱过程中，通常都是男生买单的情况比较多，或者是AA制，很少出现女生付出更多资金投入的情况，这大概也不是我那位读者所顾虑的。

是机会吗？

嗯，我想是有的，当我们用了“止损”这个词，意味着要留下一些钱去做其他回报率更高的投资。同样，在感情中，如果眼前这个人不合适，那还不如早点结束，去跟更合适的谈恋爱。

最后，情感投入。这大概也是必然会考虑的，如果投入的感情没有结果，与其投入更多让自己受伤害，还不如干脆早点结束，以免伤心难过。

经过上述分析，我们大概知道了，很多人在爱情中害怕损失的其实是自己的机会成本和情感投入。

可是，什么样的人才会害怕失去机会和受到伤害呢？如果我们对感情的预期是美好的，认为另一半是可信任的，自己在这段关系里是安全的，我们会忐忑不安地总是怕受伤害吗？

我想，你大概已经明白我要说什么了，没错，你之所以总是胆战心惊地提醒自己在爱情里给自己上保险，是因为你的内心深处并不相信对方，也不相信自己身处的这段关系会往好的方向发展。而之所以有这样的预期和信念，是因为你的潜意识里住着深深的不自信——不相信自己值得被爱。

你小心翼翼地去试探对方，用抑郁情绪去破坏交流，又或者用其他方式去挑战关系，你做这么多的努力，无非就是想把对方推走，然后去印证你潜意识里那个牢靠的枷锁："我是不值得被爱的，不会有人真的爱我。"然后再在意识层面心安理得地给自己的爱情上保险。

可是，亲爱的，你如此理性地维护自己在爱情世界里的安全，那你真的体会过爱是什么吗？

爱情能够被管控吗

1959年，15岁的少年迈克，站在一个乡村教堂的门口，注视着36岁的女人汉娜。她独自坐在听众席上，听着儿童唱诗班的歌声，因为歌声的美妙而感动得热泪盈眶。那一刻，少年迈克深深地爱上了这个在他看来美丽得无与伦比的女人。

多年以后，已经成为法律系大学生的迈克，在旁听一场纳粹审判时和这个女人重逢。得知这个曾经为了儿童的歌声而热泪盈眶的女人曾经是一个纳粹，她曾经组织奥斯维辛集中营的囚犯来给她朗读小说，然后再无动于衷地将他们送往毒气室。法庭上的迈克泪流满面，他无法将眼前这个纳粹和他记忆里的那个美好的女人联系起来。尽管理智告诉他，眼前的这个纳粹犯下了罪行，但他还是抑制不住自己对她的爱，所以当他的同学都在指责那个女人犯下的滔天罪行时，迈克大喊："让我们试着理解！"

试图理解什么呢？理解一个杀人不眨眼的人对艺术却格外动

容？理解一个以不识字为羞耻的人却对生命无动于衷？

我想，任何一个理智的人都不会像迈克一样试图去理解汉娜。但是他去理解了，不仅如此，他还展开了对她的救赎：他把自己朗读的文学作品和磁带寄给狱中的汉娜，以这样的方式教汉娜识字和阅读。

这是电影《朗读者》里面的故事，影片除了要探讨“二战”期间纳粹主义对人类不人道的残害之外，可能导演的视角也在通过个体的经验去探讨到底什么是爱。

毫无疑问，迈克是爱汉娜的，这种爱充斥着非理性，以至于他能够理解她的残暴、冷酷和非人道。

其实，不仅影片揭示了爱的非理性，也有美国科学家经过实验表明，在爱情初期，人体内分泌的激素水平和焦虑症患者分泌的激素水平很相似，也就是说，**一个在爱情早期的人，你可以把他视为半个精神病患者，**喜怒无常是很正常的表现。

我当然不是提倡大家去和残暴的人或者有过犯罪记录的人去谈恋爱，而是想说，如果我们在爱情到来的初期就掺杂过多理性的话，它确实可能保证你不会受伤，但是你可能因此无法体会爱情本该有的酸甜苦辣。

一个人如果从来没有真正地爱过，不管过得多安全，难道不都过于单调和匮乏了吗？

爱不一定要疯狂，但至少要勇敢。

像没有受过伤一样去爱

如果把爱情来分一下阶段的话，我可能更偏向将爱情分为两个阶段：前半段的“迷恋期”和后半段的“依恋期”。

迷恋期，当然更多的是由双方的激情、潜意识里的勾引共同促成的；依恋期，关系则更深了一步，掺杂了更多的依赖感、忠诚度和承诺。

而我们所说的“爱的非理性”，更多地体现在爱情的早期，即迷恋期。

如果一个人在迷恋期，就开始过度地谨小慎微，给自己的爱情买一份保险，那么这段感情只可能有两种结果：

其一，因为潜意识里不相信自己值得被爱，所以你就会过度理性，以冷冰冰的方式对待对方，自己在感性层面的情感无法打开和释放，对方感受不到与你的情感共振，然后关系只能戛然而止。

其二，因为潜意识里极度渴望被爱，你会谨小慎微，不敢展现真实的自我，迎合对方的品位从而塑造出一个假我，关系可能会进展到下一个阶段，比方说稳定的婚姻关系，但是因为被你压抑的“真我”很可能在关系稳定后展现出来，这个时候如果问题爆发出来，就变得更加难以解决了。

很显然，这两种结果都不是你想要的结果，但却都是你给爱情上了保险之后所塑造的结果。

所有不能无缝对接的亲密关系，症结都不在于在爱里谁爱的多谁爱的少，或者谁主动谁被动，而是不能够在同一个频率保持互动和共振，无论一方怎么努力，另外一方总是去猜疑、曲解、较劲、掂量、对比……

所以，丢掉你的爱情保险理论吧，请试着全然地打开自己，相信自己，也相信别人；让真实的自己，自由地在爱里流动，让那些隐藏在你经历里的伤，在爱中被慢慢熨烫和抚平。

去爱吧，像从来没有受过伤一样。

心启发

如何提升爱情里的安全感

- 避免过度理想化对方和过度矮化自己，睁大眼睛去发现对方的缺点和自身的优点。
- 提醒自己值得拥有最好的，对方越美好，证明你的价值越高。
- 不要老是在爱情里面做逃兵，要相信，深深地相信，对方就是你爱的港湾，你也能给他带来美好的欢愉。

我就是不想凑合，有什么错

心理关键词：彼得潘综合征

美国纽约大学的社会学教授克里南伯格（Eric Klineberg）写了一本书，叫《单身社会》，书里介绍了一个现象：美国独居的成年人超过了50%，达到了3000多万。

中国在2015年也做了一项类似的调查，数据显示，我国有5000多万的成年独居者，而且这个数值在不断攀高。

单身，作为一种生活方式，正在被越来越多的人选择。随着两性在社会选择中愈加平等，我们确实在不知不觉中迎来了单身的黄金时代。

但也有另外一个事实，即更多的人不是主动选择单身，而是因为“没有遇见合适的”被迫单身。换句话说，很多很多的人还在“等待真爱”，譬如我的这位朋友S。

为什么总是差一点

S是一位在新疆出生的北方姑娘，长着一张丰满立体的鹅蛋脸，身材高挑，凹凸有致，虽然皮肤有些黑，但是那种闪烁着亮光的小麦色，也十分让人艳羡。

不过，她周身最闪亮的还要数她那双会说话的眼睛，她眼波一转，你就会感受或沁人心脾或清风荡漾的风情。

这样一个姑娘，自然是被爱慕环抱的。

S小姐也心安理得地徜徉在恋爱的海洋中。

然而，happy ending并没有发生在S身上，她遇到的男性，总是相识之初满心欢盈，相处稍久便总会“差一点”：这个，差一点学识；那个，差一点品位；还有那个，差一点情商；噢，还有那个，差一点阔绰……

S小姐时常感叹命运不公：老天为什么这么不公平，总是让她遇见不完美的异性？难道她就不值得更好的吗？

对于S的这种情况，也有朋友好言劝慰过：其实，那个谁谁也不错啊！你可以考虑和他长期发展一下的；你是不是对别人的要求太高了啊，降低一下标准或许就成功了呢……

面对这样的劝慰，S总是理直气壮地说：“难道我就该凑合吗？我想找到真爱，这有什么错？”

面对此种诘问，朋友们也都哑然。

你找的可能是神，不是人

找到真爱，这当然不是什么错，但是，或许很多人对“爱”这件事存在错误认知。

▸ 我们必须接受一个事实：完美的人是不存在的

对于爱情，我们总是幻想有一个完美的人出现：他最好美若天仙，或者像吴彦祖一样帅；我们不需要说什么，他就能够洞悉我们的内心世界，了解深层次的我；我们也拥有相同的爱好，可以一起漫步天涯，或者一起躺在沙发上追《权利的游戏》；他最好还能够每时每刻相信我、包容我、支持我，允许我的坏脾气；他永远不会要小性子……

如果你也有这样的想法，那么很有可能，你在幼年时候的依恋关系出现了问题，你没有被妈妈无条件地满足过，所以你终其一生都会努力寻找一个能够无条件满足你的人，也就是你幻想的完美爱人。

但遗憾的是，你不再是襁褓中的婴儿，你长大了，所以别人自然也不会像对待一个婴儿一样对待你。所以，你失望，你难过，你痛苦，你把所有的愤怒推给对方：你为什么是这样的？！

其实，他什么错都没有，是你把完美的幻象强加给了他。

▸ 不要把爱简单地等同于被爱

事实上，当很多人说在“等待真爱”的时候，他要表达的真实意思是：我在等待一个人，毫无保留地来爱我。

这句话更直接的表达是：我没有能力去爱别人，我只能等待被人爱。

这样的人会认为爱只能来自外界，他们能够获取爱的唯一途径就是依赖别人主动给予爱，而自己只能是一个被动的接受者。

没有办法爱别人，可能是由两种原因导致的：

其一，自身有过被辜负的经历。譬如曾经对别人死心塌地地好，早起送早餐，冒雨送外卖，生日总是99朵玫瑰花和一封浪漫情书……如果说还有什么做得不好，大概就只差把真心掏出来了。即便如此，对方还是离开了你。这动人心魄的爱恋，成了你的创伤性事件，你害怕再次被抛弃，所以，干脆选择不再付出。你躲进看似安全的城堡，等待有人掏出真心来拯救你。

其二，原生家庭的依恋模式出了错。你之所以没有能力去爱别人，因为你不懂得如何去爱。那么追溯到原生家庭，你很可能没有被爱过，又或者过度爱了，这都可能导致你无法去爱别人。

没有被爱过的人，就像一只没有被喂饱的宠物，他会不停地索取，所以就会形成期待外界来爱你的依恋模式。而过度被爱，则是指你在幼年的时候，没有体验过有条件的爱。

“有条件的爱”是指孩子做错了什么事，有可能会失去爱，但如果孩子能够改正错误，依然可以重新获得他人的爱。有条件的爱能让人懂得通过自身的努力获取自己想要的。而没有能力爱别人的人，很可能在年幼的时候没有被培养出这样的规则感。

▸ 要知道，你对别人来说，亦不完美

还有一些人，在说自己“等待真爱”的时候，他想说的话实际是这句：“我这么好，他们都配不上我。”

譬如S，她知道自己外形条件的出色，既有西方人的性感，又有东方人的美貌，她觉得谁要是娶到她可真是赚大了，自然一般的男人也不配做她的恋人。

但S小姐不知道的是，大概没有几个男人能受得了她灰尘有两公分厚的家，总是迟到半小时以上的约会习惯，经常吃泡面而不动手做羹汤的生活习惯……

自信没有错，但是狂妄就不好了。

我们每个人都有自身的弱点，正确的自我认知，是你找到真爱的第一步。

正确地认识自己，不是过度褒扬自己，或者过度贬低自己，而是我们能够看到自身优点同时也能够知晓自己的局限，我们能够看到完整的自己，并且不卑不亢、从容自信。

恰是你接纳了完整的自己，所以当你遇到一个没那么完美契合、但是很不错的对象时，你也能够接纳对方，因为对方已经不再是你幻象的投射，而是真实的一个人。

当两个真实的人在相处的时候，彼此对对方不会抱有“不合理的期待”，遇到问题会懂得解决，而不是选择一走了之。通过不断的磨合、妥协，随着时间的推移，彼此共同成长，对方也许真的就成了你心目中那个完美的他。

学会内心独立，爱才能真正开始

心理学上有一个词叫作彼得潘综合征。

它的意思是说：虽然已经成年了，却还不具备应对成人世界的能力，他们无法承担成年人应该承担的责任，认为他人对自己的爱是理所当然的，却不愿意以同样的爱去回报别人。

所以，**剥开“真爱”的外衣，你之所以还没有遇见所谓合适的人，很可能不是因为你不想凑合，而是因为你还没有长大。**

真正长大，意味着你要学会独立，学会既对自己负责，也对他人负责。

如何学会真正独立？

▸首先，你要完成分离

完成分离是指，我们要完成与原生家庭的分离，在我们的生活与父母的生活之中，建立起清晰的界限。

譬如，你做什么决定，会询问一下父母的意见，但不再以他们的意见为决策标准，你会思考自己的偏好，根据自己的想法做决定。

▸ **其次，要学会掌控自己的情绪**

情绪自主，是指自己的情绪能够自己主导，能否掌控自己的内心冲突，在建立自我意识与自我认同的同时，处理这个过程中产生的负面情绪，譬如羞耻、内疚、依赖等。

譬如当你做一个决策时，别人都反对你，甚至嘲笑你，如果自我情绪控制水平比较低的人，可能就会因此而感受到愤怒从而放弃决策或者和对方大吵大闹，但是一个自我控制能力比较高的人，会明白每个人都有自己不同的选择，有异议也很正常，所以甚少受到别人的干扰。

▸ **最重要的，是学会自我负责**

面对重大选择、人生走向的时候，有些人会听从父母的建议，而不是根据自己的价值观做出决策，并不是他们不知道该如何选择，而是他们没有勇气面对选择后的结果。

一个真正独立的人，最重要的就是要学会自我负责，即面对一个选择的时候，即便结果再差，也不怨天尤人，有能力面对它，并且付诸行动去改变它。

当你真正学会独立，才不会像一枝蔓藤，只有依附才能生存；你会长成一棵树，独立地傲然于世，也能够滋养他人，这样，你和他人就能拥有一段健康而理想的关系。

就好像舒婷的那首诗：

《致橡树》
我如果爱你——
绝不像攀缘的凌霄花，
借你的高枝炫耀自己；

我如果爱你——
绝不学痴情的鸟儿，
为绿荫重复单调的歌曲；
也不止像泉源，
常年送来清凉的慰藉；
也不止像险峰，
增加你的高度，衬托你的威仪。
甚至日光。
甚至春雨。
不，这些都还不够！
我必须是你近旁的一株木棉，
作为树的形象和你站在一起。
根，紧握在地下，
叶，相触在云里。
每一阵风过，
我们都互相致意，
但没有人
听懂我们的言语。
你有你的铜枝铁干，
像刀，像剑，
也像戟，
我有我的红硕花朵，
像沉重的叹息，
又像英勇的火炬，
我们分担寒潮、风雷、霹雳；
我们共享雾霭、流岚、虹霓。
仿佛永远分离，

却又终身相依，
这才是伟大的爱情，
坚贞就在这里：
爱——
不仅爱你伟岸的身躯，
也爱你坚持的位置，
脚下的土地。

心启发

如何在爱情中做个成熟的大人

- 放下对原生家庭的爱恨情仇，让它尽量不要过度影响你的情感选择。
- 建立清晰的情感界限，学会对自己的情绪和选择负责。
- 理性地看待爱情，不要渴望有人把你从黑暗的世界中拯救出来，除了你自己，这世上没有谁能够拯救你。

沉默是你的糖衣，固执是我的炮弹

心理关键词：一致性沟通

两性关系中，经常有这样的场景发生：两个人因为某件事或某个话题争执不下，一个希望对方听从自己，另一个却总是固执己见。那个常常扮演劝说的人，已经习惯了对方的固执，最后不得不用沉默收场，避免一阵小骚乱演变成一场大灾难。

如果还原成对话模式，应该类似这样：

甲："这件事情明明就是这样的啊，你怎么就不能如何如何呢？"

乙："谁说应该那样啊？我就认为应该这样啊，我凭什么要改啊？"

甲："你怎么总是听不进去意见？怎么总是这么固执！"

乙："什么固执？我这叫坚持自我！"

甲："……"

最终话题不了了之。

在这场小战役中，其实双方都在使用自己的武器，甲的武器叫"沉默"，乙的武器叫"固执"。

甲方：沉默的糖衣，愤怒的变体

以沉默结束战争的甲方，并非真的无话可说才转而沉默，相反，沉默作为一种最为丰富的语言，其实它代表了甲方有太多的话想说。

▶ 用沉默防御战争

当乙方再一次用固执来回应甲方的建议时，甲方的内心其实已经有1万匹马奔腾着呼啸而过了，但是甲知道，如果任凭这万马齐奔，必然引发一场新的大规模战争。

早前的经验已经证实，大规模战争包含了言语指责、人身攻击、冷暴力等多种战术，杀伤力可以达到8000点之高；而眼下的小规模争执，如果用沉默来结束，虽然自己得奋力疾奔，把这1万匹野马关进笼子里，累是累了点，但是杀伤力也只有1000点而已，显然伤害要小很多。

左思右想，甲决定用沉默结束对话，目的就是避免大规模战役引发的两败俱伤。

▶ 用沉默传递愤怒

当乙在对自己的固执己见夸夸其谈的时候，甲很可能一言不发盯着乙，眼里满是怒火，就好像一只饿狼紧盯着自己的猎物一样，仿佛分分钟想要把对方撕烂吃掉。

让甲感到如此愤怒的原因，是每一次劝说，都在乙那里以固执的方式被拒绝。劝说的本质，是希望对方能够改变，来满足自己的需求，但是对方不但没有看到自己的需求，反而通过一再拒绝的方式，去创造新的不满。

在甲的世界里，一段本来80分的关系，希望能够通过乙的改变，换来90分的体验。但却不料，乙偏偏不配合，还通过一次次地挫败甲的期望，将关系得分直线拉到合格线以下。

甲的心理语言是："你怎么能完全无视我的感受？！你怎么就不懂这是在改善我们的关系？！"一种恨铁不成钢的怒气，却因被气得厉害，最终只能用带有愤怒的沉默作答。

▶ 用沉默表达表面认同

当然，甲也有可能用沉默在采取一种以退为进的战略战术，即用沉默表达对乙的认同，传递的信息是："好吧，你说的都是对的。"

这种认同，并非甲发自内心的认同，而是在长年累月的战争中总结出来的教训：不能硬碰硬，越是顶撞，反作用力也越强。

通常情况下，一个人的示弱，会引起另一方的内疚心理。当甲沉默不语的时候，乙反倒会惴惴不安，开始思考："我是不是真的太强势了？我是不是太过分了？其实不就是让我如何如何吗？这也不是什么大事啊……干吗因为这点事把他搞得那么难受呢……"经过这样一系列的思想斗争，乙决定听从甲的建议，改变自己的态度或观点。

甲内心窃喜："果然，身经百战才能屡战屡胜啊！"

乙方：我的疆土，用固执守卫

如果说沉默是甲的表达，那么固执也是乙的言语，在这场没有硝烟的战争中，乙又在用固执释放哪些作战信号呢？换句话说，乙在用固执，表达自己什么样的内心诉求呢？

▸ “我不想被否定”

当甲试图让乙改变自己某些观点的时候，乙感受到的是被质疑。

如果乙是一个人格完善、内心强大的人，或许他不会因为别人质疑自己的观点而感受到不悦，如果别人观点确实是对的，他也可以很理性地采纳对方的建议。

但是，如果乙是一个本身内心就很脆弱、自我功能不是特别完善的人，那么他很可能会把别人对自己观点的质疑，当成对自己整体的否定。也就是说，当甲说“你怎么就不能如何如何”的时候，乙的感受是：如果我听从了甲的建议，那么就代表我这个人很糟糕、很差劲、很无能。

没有谁会心甘情愿地承认自己无能，所以乙宁愿引发战争，也会用固执来和对方死磕到底。

▸ “我不想被控制”

在甲乙双方交战的历史中，甲很有可能一直扮演“劝说”的角色。劝说，如果换成另外一个词，也可以叫作“降服”。

降服，可以用一个颇具画面感的场景来描述。我们经常在电视里看到一些古装剧，比方说周边国家都来中土大唐朝拜，之所以朝拜，就是因为周边国家被大唐的盛世威严降服了，自己甘愿归顺大唐，进献自己的权力和疆土。

如果将这个场景切换到两性关系中，就是甲试图通过劝说来降服乙，让乙交出对自己的控制权，一切都听自己的。

丧失控制权，意味着什么呢？意味着不被尊重、没有自由。

匈牙利诗人裴多菲曾说“爱情诚可贵，生命价更高。若为自由故，二者皆可抛”，可见，没有自由的人生，是不值得过的。

乙当然也知道这个道理，于是固执守卫自己的疆土，捍卫自己的尊严和自由。

▶ **“我不想体验痛苦”**

乙也有可能是在用自己的固执回避某些不想体验的痛苦。

假若乙有一个非常严苛的父亲，从小到大对他管控得非常严厉。比方说，不写完作业不准出去玩；吃饭的时候，因为偷瞄一眼电视而被拍头；进门没有把鞋子摆放整齐，就迎来一顿胖揍……也就是说，哪怕鸡毛蒜皮的小事，乙都是被自己的父亲控制的。

与此同时，父亲控制自己的方式就是用暴力来管控，那么乙在听父亲话的同时，体验到的情绪是痛苦的、难过的，这个反应模式也会成为他潜意识的烙印：听别人的话很痛苦。

所以当甲试图说“你怎么就不能如何如何”的时候，乙马上会进入应激状态，因为这在潜意识里会勾起他对自己父亲的记忆，为了避免重新体验与父亲交往中所体验的痛苦，他会采取反抗方式，即用固执己见的方式来抵御痛苦。

在亲密关系中，赢真的没那么重要

家庭中的战争，大多数都是关于控制权的战争，对情感的控制，对孩子的控制，对话语权的控制，等等。

可是你有想过一个问题吗？**在这场战争中，就算你战功卓**

著，成绩斐然，最后你又赢得了什么呢？

荣格有句名言：“爱与权力，是天平的两端。”换言之，当我们悄悄引爆关于控制权的战争的时候，我们实际上就放弃了对彼此爱的滋养。或许，你最终使得对方向自己俯首称臣，有一种大好河山都归己的快感，但与此同时，你也成了孤家寡人，阻隔了爱的流淌。

或许你也会好奇，我们该如何消除由沉默和固执来建构的家庭战争呢？

心理学上有一个词，叫作“一致性表达”，即我们能够坦诚地面对自己内心真实的声音，然后尽量以不带攻击性和防御性的方式，向对方表达出我们真实的声音。

在上述的甲乙双方的战争中，想要消除战争，无论任何一方，最重要的便是学会一致性的表达。

比如，对于甲来说，当他陷入沉默的时候，他需要思考的问题是：我到底为什么沉默？我希望通过沉默获得什么？这种向内的思考，会帮助你发现自己真实的心理需求，也许你会在问题中发现，原来我希望对方多关注我一些，原来我希望对方多认同我一些，原来我很害怕和对方起冲突，等等。发现这些真实的需求后，甲可以尽量通过表达感受的方式，把这些需求说出来。例如可以这样说：“你这样说话，真的让我很难过，我感觉自己被忽略了，我希望你多关注我，这样我会感到更安心。”

而对于乙来说，也同样要像甲一样，学会深入内心去觉察自己的需求，然后告别用固执的方式表达自己，而采用语言来告知对方自己到底想要什么。

看见自己真实的需求，然后通过合理的语言，表达自己真实的需求，这就是在建立一致性的沟通关系。这样的沟通，可以建构自己与内在的和谐、自己与他人的和谐、自己与情境的和谐，从而让爱在关系中照见和流动。

家，是每个人的港湾，要用爱来供养的。对方明明很固执，可是你能透过固执看见他的脆弱，允许对方做自己，这是一种情趣；对方蛮横又霸道，你非但不争执，还为此感到甘之如饴，这是一种能力。

就让《甄嬛传》停留在电视屏幕上吧，现实生活中，我们都需要有点《我爱我家》的轻松感，化解你的沉默，消退我的固执。

心启发

如何正确化解一个人的固执

- 固执的本质是捍卫自我，你要学会用赞同来满足对方的自我认同需求。
- 用拥抱来代替争吵，可以化解固执之人背后的脆弱。
- 用示弱的方式来沟通，满足对方需要的掌控感。

当你无法失去一段关系的时候，你在害怕什么

心理关键词：依赖共生

文章开篇，让我们来思考一个问题：

有两对夫妻，同样都是结婚20年。一对夫妻的关系是战争不断、冲突不断；另外一对的夫妻关系是深情的、彼此尊重的、带有成长性的。

请问，如果有一天，这两对夫妻中的妻子都面临离婚或者丧偶的情况，哪一个妻子会更加痛苦？

在揭晓答案之前，让我们来看看我的朋友X的故事。

X的故事

如果你和X不熟，只是她朋友圈中一位泛泛之交，我想你一定会非常羡慕她，她有一个事业有成的知名律师丈夫，还有一个乖巧可爱的6岁女儿，朋友圈中满是幸福时光和活色生香，简直就是人生赢家的典范，谁会不羡慕呢？

但是如果你走进她的生活，羡慕的情愫可能就会灰飞烟灭了。

X在大学毕业后，被家人安排在自己舅舅的工厂做了一名出纳，工资虽说不高，但是好在压力不大。同样是在家人的介绍下，X和比她大9岁的L先生认识了，由于L先生外显的各方面条件都很优秀，两人很快便进入了婚姻。

然而，X对婚姻或许有过千万种幻想，唯独没有想过，她会遇见一个有暴力倾向的丈夫。“喝多了”“工作压力大”等，都能成为L先生对X施暴的理由。

最初遭遇家庭暴力的时候，X没有和任何人说起，因为在她看来，“家丑不可外扬”，但是暴力的次数越来越多，她的身心早已无法承受，她终于忍不住开口和亲密的朋友倾诉。

几个好朋友都劝说X离婚，认为绝对不能容忍这样的暴力。对此，X似乎也十分认同，但是每次L一跟她道歉她就心软了，一次又一次地选择原谅，这一原谅就原谅了12年。

X跟我说，她非常痛苦，但是她不明白，自己为何就是离不开L，为什么在他频繁的伤害下，还是事事听命于他。比方说，X很想带着女儿去海边体验一下露营，但L提出反对，X甚至连反驳的意愿都没有就直接取消了计划。

我们都知道，亲密关系其实会代际传承。X从小就是在暴力的家庭环境中长大的，有一个同样暴力的父亲和默默忍耐的母亲，她从小看到的亲密关系相处模式就是一方打、一方忍，虽然她很想摆脱这样的婚姻关系，无奈，潜意识里对父母的认同，还是拉着她陷入了这样一段糟糕的暴力婚姻当中。

可是，即便如此，相信大多数人如果遭遇X的情境，还是会选择主动离开，为什么X就是做不到？

同样地，在一段糟糕的婚姻关系中，为什么有人持续感受到痛苦，却偏偏不肯放下？

X在怕什么？

那些不肯放下痛苦婚姻的人们，又都在怕什么？

X的恐惧

X在怕什么？

怕失去。

失去一个对自己残忍施暴的人，这不是应该庆幸吗？为什么会恐惧？

如果你发出这样的疑问，说明你内在的自我是相对健康的，但是有一些人，内在的自我残缺而破碎，他们无法与人建立正常的亲密关系，从而很容易走进病态的“依赖共生关系”。

“依赖共生关系”的本质是一个人无法依赖内在的自我或自身完全的意志来决定自己的行动，他们的行动和自我价值都依附于外界，可能是人，也可能是某种成瘾性的物质，譬如酒精、赌博等。

在一段狭义的“依赖共生关系”中，两人都有这样的特点：需要一方有生理或者精神上的成瘾，造成这个人功能低下，对自己极端不负责任；而另一方则高度依赖这个人的“社会功能低下”和“不负责任”，在过分地、强制地照顾另一方中获得自己的价值感。

很显然，这是一种病态的共生关系。

在X和L的关系中，X扮演的就是“成瘾者”，即对自己被施暴成瘾，她通过暴力感受到自己和L的亲密链接，与此同时，她接受着L先生的全方位照料，表现为“对L言听计从”，在被照顾中，体验到自己的存在。而L先生则扮演“照顾者”，他对X连续施暴，使之对他产生依赖，同时在过分的照顾中获取自己的存在感。

身处依赖共生关系中的两个人，有点类似两个由水造出的人形，他们没有边界，完全缠绕和融合在对方的生命里，共生，也共死。

这就是X害怕失去L的真实原因：她内在的自我像一摊软绵绵的暗影，她没有力量站起来自己行走，没有能力去独自面对生活里的起伏和波澜，她的存在依L而存在，一旦失去L，她会感觉自己陷入了万丈深渊。

X在意识上叫喊着“我要逃离这痛苦的婚姻生活”，但是她的潜意识却拉着她说：“你离开L，怎么活？”这两种声音，造就了X看上去荒唐而又充满矛盾的生活。

所有在亲密关系中感到痛苦，而又不肯离开的真相只有一个：你无法离开这段关系，你在某种层面需要这段关系。

开篇的答案

让我们回到开篇时提出的那个问题，哪个妻子会更痛苦？

我想你已经能找出正确答案了：没错，那个身处糟糕的婚姻关系中的妻子，痛苦的时间可能会更长久。

这看上去好像有悖于我们的常识，毕竟失去一个相亲相爱的人和失去一个让人痛苦的伴侣相比，前者的损失更大，难道不是应该更痛苦吗？

然而，答案真的是反常识的。

在一段互敬互爱、具有成长性的婚姻关系中，伴侣双方都是独立并且有自己的边界的，他们都很爱对方，但是与此同时也都拥有完整的自己。

不记得在哪个媒体上看过报道，说歌星刘若英和她现任丈夫非常恩爱，但是他们家中却有两个独立的书房，坐落于屋内的一条对角线的两端，每天回到家，他们都会钻进自己的书房，研究自己热爱的东西。

这大概就是“成长性婚姻关系”的典型范例：**我爱你，但是我不会因为你而丢失我自己。**

对身处良好婚姻关系中的那个妻子而言，失去至爱，当然会感到痛苦、感到悲伤，但是这种“失去”不会剥夺她内在完整的自我，她会在悲伤过后很快重回正常生活的轨道。

然而，对身处糟糕婚姻关系中的那个妻子，可能有两种情况，以至于她的痛苦会持续更久，甚至余生都无法从痛苦中攀爬出来。

一种情况是如X一样，没有独立内在的自我，失去另一半，等于完全丧失了内在的客体，她的力量和意志会随着另一半的离去而消失，从而陷入无限期的痛苦之中。

还有一种情况，对这个妻子而言，婚姻的结束意味着冲突的戛然而止，注意，停止不代表消失，也就是说，婚姻的结束对她而言，意味着长达20年的冲突就一直被冻结在过往里。任何关系的冲突，其实都是内在自我冲突的外化，当自我的冲突在没有被有效释放就冻结住的时候，这位妻子当然不是痛苦就是疯狂。我们日常经常听到有些人说“我才不会和他离婚呢，他不让我好过，我也不会让他好过”，本质上来说，就是因为冲突没有被释放的结果。

如果你恰巧也深陷一段糟糕的婚姻关系里，希望你能在那个

20年后失去糟糕伴侣的妻子和X身上，看见自己，看见自己的脆弱和固执。

不要因此而感觉羞愧难当，脆弱和固执是每个人都会有的感受。重要的是，在这之后，你愿不愿意给自己的内心加加油鼓鼓劲，放过别人也放过自己。

生命很长，又何必紧抱着一段糟糕的婚姻不放？只有当你能够充满勇气地接受“失去”，“新生”才会笑脸相迎地朝你走来。

心启发

如何处理夫妻关系中的依赖共生现象

- 树立边界意识，建立并维护好自己的边界。
- 爱不等于纠缠，你可以很爱一个人的同时，保持自己的独立。
- 克服潜意识的分离焦虑，作为一个大人，你有能力独自面对这个世界，和任何人的分离，都不会摧毁你的世界，不要怕分离。

人格不成长，逃到哪里都是监狱

心理关键词：回避型人格

你身边有没有这样的人，或者你自己是不是这样的人：

每份工作都觉得不满意，总是不停地换工作；

每场恋爱都以烂尾收场，总在不停地换男/女朋友；

一遇见什么不顺心的事，就想着要逃离眼前的生活和工作，出去走走；

…………

这些人看似在通过选择努力地掌控命运，似乎希望换一份工作、一个人，或者一个环境，就能迎来彻底明亮的人生，可最终他们却遗憾地发现，黑暗总是在一个又一个的“下一次”里悄悄地等着自己。

时间久了，他们甚至会愤慨：“为什么我如此努力，还总是换来这么差的结局？”

其实，他们不清楚的是：那些看似努力的主动选择，本质上都是被迫逃离。而人格没有成长，无论逃往哪里，终究都还是自设的监狱。

你逃避的不是外界，是自我

阿力是我的一位朋友，男性，40岁出头。

上一次见到他的时候，我们谈论的主要话题是他和现女友交往中存在的一些问题，聊天方式是他说我听；而上上一次见面，大概和这次聊天时隔半年，我们聊天的主要内容是他和前女友的交往问题。

在认识阿力这7年中，我见过他4位女朋友，还听说过若干位我没有见过的女朋友。在这些女朋友当中，阿力交往最长的一位是一年零两个月，其他的女朋友大多数都是几个月就分手了，而且几乎每一次都是他主动提出分手。

在外人看来，阿力简直是一个十恶不赦的“渣男”“浑蛋”，但实际情况却是，他对每一段感情都是很认真对待的。只是他自己也搞不清楚为什么，每段感情总是走着走着就无疾而终了，更要命的是为什么总是他主动选择离开，他说自己为此感到很内疚。

为什么在感情世界里，阿力一直在逃跑？

我想你已经猜到一部分原因了，没错，他出生在一个并不幸福的原生家庭。

阿力的母亲是一个纺织厂的女工，性格有些急躁和暴烈。在阿力的记忆里，从小母亲就总是责骂他。贪玩、不爱学习、起床晚了等各种小事，都能让阿力遭遇一阵疾风骤雨般的谩骂，阿力说他从来没有把母亲与“温柔”或“爱”这样的词汇联系在一起。

阿力的父亲虽然是个沉默寡言的男人，但也很固执，从来不会让着阿力的母亲，所以家里经常是硝烟弥漫。

你能想象那是一种什么感受吗？一个七八岁的小男孩，早上起来就迎来母亲劈头盖脸的一顿骂；晚上放学回到家，又看见自己的父母在激烈地大吵大闹。

如果你是他，你会怎么办？想逃离，对不对？逃开这个冰冷、战乱、分裂而又破碎的家。在逃离的路上，你是不是会想："如果我有一个爱我的、会拥抱我的妈妈该多好；如果我的父母也像其他小朋友的父母那么和谐该多好……"

这就是小时候阿力的感受：一方面，他很渴望爱，渴望来自母亲的爱、家庭的爱；可另一方面，他又在现实生活中受到来自母亲和家庭的攻击，他感受到恐惧、受伤、难过、害怕……心理学上把阿力这种矛盾的内心感受，称为"矛盾型（反抗型）依恋关系模式"。

这种依恋模型伴随着阿力长大，然后如影随形地被他复制在其他的亲密关系之中。因为很渴望爱，所以他总是充满期待地与异性建立恋爱关系；但是，只要距离拉得太近，对方稍微让他感受到一些不适，小时候被攻击的创伤就会被唤醒，为了避免重新感受童年那种恐惧、难受等负面情绪，他就会主动选择逃离。

这种渴望爱又害怕受伤害的感受，就是阿力给自己内心建造的一座监狱，无论他怎么逃，怎么换女朋友，他都无法摆脱这座监狱对他的囚禁。

人格监狱是如何炼成的？

其实，我们每一个人都活在监狱之中。文化是一种监狱，制度也是一种监狱，但是无论是文化还是制度，我们都可以通过环境的改变或者时代的变迁，来冲破这些监狱对我们的束缚。唯有一种监狱，我们很难摆脱，它就是人格监狱。

我们常常说人格，可是人格到底是什么呢？

教科书上说，人格，是人的性格和气质的总和。

我更愿意用类比的方式来解释：如果说人是一台精密仪器的话，人格就是这台机器的芯片，它决定了这个人如何思考、如何表达、如何防御等。

现代客体关系理论学家克莱因认为，一个人的核心人格早在他的婴儿时期就已经形成了。为了让你更好地理解逃避型人格的形成过程，我们接下来将展开一个情境体验。

假想一下，你现在是一个两三个月大的婴儿，此刻正躺在摇篮里午睡。这时候，隔壁邻居因为有人结婚或者做寿宴，鞭炮声四起，你被这鞭炮声惊醒并且感到很害怕，然后就哇哇大哭起来，你在用哭声表达你的情感需求：我很害怕，妈妈快来保护我一下。

可是你的母亲正在被她追的热播剧吸引，听到你的哭声，她有点不情愿，甚至愤怒，不得不站起来去看看摇篮里的你是怎么回事。她一边轻晃了几下摇篮，一边指责你：“怎么这么爱哭！别人家的孩子都那么好带，你怎么这么难带啊！”

你从母亲的情绪中，感受到了她对你的指责和愤怒，于是，你开始自责：我到底做错了什么？我到底哪里不好，让妈妈如此愤怒？同时你也感受到害怕，你觉得在你下一次感到恐惧的时候，妈妈很可能因为愤怒就不来帮你了……

在经过母亲几次这样的对待之后，你就开始回避和母亲的链接。因为你的回避，可以帮助你不去体验母亲的愤怒、你自己的自责，还有内心里怕被抛弃的恐惧。

至此，你的逃避型核心人格就形成了，与之相伴的是“自卑”“不稳定感/遗弃感”“寻求认同感”等子人格。

你带着这种核心人格慢慢长大，当在工作中遇见别人指责的时候，你会体验到由于妈妈小时候指责你而产生的自卑，所以你接受不了别人对你的任何怀疑和指责，一旦遭遇此类对待，你就会选择辞职，逃离这份工作；当在感情上看到另一半表达愤怒的时候，你也会重温小时候妈妈的愤怒带给你的恐惧，你害怕被抛弃，所以你主动选择从中逃离……

就这样，你的逃避型人格就像一只无形的手时时刻刻掌控着你，让你在人生中颠沛流离。换句话说，如果这种逃避型人格不获得改变和成长，你可能终生都要活在它的囚笼里。

将当下与童年剥离，告别狼狈的逃避

坦白讲，想让自己的人格获得改变和成长，是非常艰难的一件事情。

就好像，你想把海南的一棵南洋杉移植到东北去种植，是不太可能的事情，因为这棵南洋杉已经习惯了高温的环境和天气。同样，对于一直以来已经习惯自卑、习惯内心的不稳定感、习惯逃离的你来说，要让你体验风浪来临时岿然不动地站在那里不能逃的感受，实在有点苛刻。

然而，艰难不等同于不可能。只要你内心真正渴望改变，并且拥有自我觉察的能力，人格是可以改变和成长的，命运也是可以更加风光旖旎的。

想要改变逃避型人格，在我看来，你最需要学会的技能，就是将童年的感受与当下的处境进行剥离。

我们每个人的感受，其实都包含了两部分：一部分是由某个人或者某件事触发出的情绪；另一部分则是由这个情绪所捆绑的认知。

比方说上文中提到的阿力，当他听到或者看到他的女朋友对他有指责倾向的时候，他的情绪体验就是恐惧和害怕，而他对此的认知则是：她有可能抛弃我。

也就是说，阿力把当下发生的情境和他小时候的情绪体验和认知感受捆绑在一起。但是，如果他有很好的觉察力，当女朋友对他表现出指责倾向的时候，他能够提醒自己，当下只是当下，它不等同于童年；女朋友也不是妈妈，她指责只代表她在表达不满，而不代表她要抛弃我……那么，阿力很可能就因为这样的觉察而缓解自己被抛弃的焦虑，因此，他就不会因为女朋友的行为表现而感受到恐惧和害怕，自然也就不会逃离。

每当你被现实处境逼迫得想要逃离的时候，你不妨尝试一下强迫自己先别逃，然后冷静地问问自己：我到底为什么要逃？我在害怕什么？我害怕的东西此刻真的存在吗？还是来自我对童年创伤的移情？……

当你在进行这样的自我对话的时候，实际上你的自我已经开始跟童年进行分离，如果你能够继续在情绪和认知上告别对童年的移情，选择直面当下，站立不逃，那么你就已经成功地完成了对人格的逆袭，它再也无法成为囚禁你的监狱。

这个世界上没有完美的原生家庭，每个人都是带着伤痛跌跌撞撞地探索和成长的，只要你足够坚持和勇敢，你终将能够打破人格的牢笼，拥有更加自由、绽放、气象万千的人生。

心启发

如何做一个不再逃跑的人

- 暗示自己很安全。无论外界发生什么，都积极地告诉自己，没有什么力量可以摧毁你，此时此刻，你很安全。

- 提醒自己是在投射。当你觉得有人要抛弃你或者伤害你的时候，提醒自己，这很可能是源于你内心的投射，即这是你的感受，而非对方的感受。

- 阶段性奖励自己。每次遇见要逃跑的境遇时，你都冷静下来让自己坚持不要逃，直到眼下糟糕的境遇得到转变，然后奖励一下没有逃跑的自己。正向激励机制会不断帮你形成想要的行为模式。

Three

情绪：愤怒

你的母亲，
可能也还是个孩子

心理关键词：人格退行

在你的生命中，有没有一些提起便愁眉不展，说不清爱恨纠缠的关系？

比方说和你的父母？你的爱人？你的孩子？……

提到这段关系，或者关系中的这个人，你都忍不住愤懑不平：“他为什么这样对我？他怎么可以这样对我？我真的是很恨他啊……”

在这愤怒的背后，看似是两个成年人之间的冲突，但是随着咨询工作开展越久，就越会发现，这些爱恨交缠的关系，本质上其实都是两个“孩子”的战争。

两个心理上的孩子。

“我恨我妈，我恨她！”

小桃讲起她母亲的时候，看似麻木的表情里夹杂着极具攻击性的愤怒：“我有的时候会想，她怎么不死了呢……她根本就不爱我，她从来就没有爱过我……我为什么要出生在这个家庭，为什么要摊上这样一个妈……”

如今年龄已过30岁的小桃，在一家大型国企担任文职工作。在这看似安稳的背后，小桃的内心却并不安稳，甚至可以说是兵荒马乱：30多岁了，从来没有谈过男朋友；好朋友的数量为零；有社交恐惧，几乎不去参加任何聚会活动；厌世情绪强烈，对任何事情都提不起兴趣……

小桃把自己的处境全部归罪于自己的母亲，她认为母亲对自己的暴躁、苛责、抱怨等是这一切的源头。所以，在日常生活中，小桃几乎不与母亲共处一室；回避所有和母亲单独相处的时机；不满的时候也会顶撞母亲……与此同时，她的母亲则会指责她不孝顺、不懂事、“良心被狗吃了”。

在小桃与母亲的关系中，战争的硝烟未曾消散，而且这两年还有持续恶劣的趋势。

小桃的推断其实不无道理，她确实在成长的过程中遭遇了太多来自母亲的错误对待。在小桃的记忆里，从小到大母亲从来没有夸过自己，而且经常是一有什么不满，就将怒气发泄在她的身上，挨顿骂是轻的，很多时候也会遭到母亲的抽打。“你怎么这么没用，我怎么生下你这么个蠢玩意儿”是母亲对小桃最常见的评价……

一个孩子的成长过程，其实有点类似我们作画的过程，孩子是画纸，家长是画笔，父母亲的人格是这幅画的创意。一对人格健康的父母，会带给孩子很多爱，也会建立相应的规则，所以画笔呈现出来的，将会是一幅灵动活泼而又不逾矩的彩绘，这就是孩子的人生底色；而一对人格不太健康的父母，会给孩子很多忽视或者伤害，那么孩子的这张宣纸上就会呈现出一幅漏洞百出的破败惨象，而孩子的人生，也注定要对这幅画不断修修补补。

小桃的母亲给小桃营造的世界，就是一个危机四伏、不断被人挑剔、自己毫无价值的世界，这种对世界的认知伴随着小桃长大。虽然早已斗转星移，三十载岁月倏忽而过，但小桃心中对这个世界的理解从来没有变化过，在她成人的外表下，其实安住一个惶惶不安、充满愤怒、时刻恐惧的小女孩。也正是这个曾经被挑剔的小女孩，一直试图去反抗母亲的暴力，释放积郁心中的愤怒。

你看不见的母亲的B面

在小桃眼中，母亲是一个十恶不赦的人，是个不配做母亲的人。我们暂且把这些评价称为母亲的A面。

母亲的B面则在小桃的心理咨询师眼中，它是这样呈现的：一个从小就被送人的弃婴，贫穷的家庭经常让她食不果腹，成年后嫁给了一个不爱自己的老公，一个可怜的女人。

由于重男轻女的思想，小桃的母亲在不到1岁的时候就被父母送人了，而收养她的家庭，养父母是一对残疾人，没有能力生育孩子，同样也没有过多的财力给孩子一个比较好的生活环境，因此小桃的母亲还没有上完小学就中途辍学了，帮着父母做农活，换生计。

让我们把故事暂停一下，来感受一下这样一个场景：

一个十来岁的孩子，知道自己是被亲生父母抛弃的，在这个养父母双双残疾的家庭里，自己成了主要劳动力，别的孩子都能读书，她却只能去田里干活，可能还会被同龄的孩子骂“野孩子”……想想看，这样一个孩子，内心该是一种什么状态？

——她的内心充满恨，对亲生父母抛弃自己的恨；她心里也充满了委屈，别的孩子都能上学，自己却只能下地干活；或许，还有一点不甘的心态，想着一定要改变自己的命运……对吗？

事实上，小桃的母亲也确实通过自己的努力改变了某种命运，至少在她自己看来，嫁给一个有稳定工作的城里人，就是人生中胜利的一大步。可小桃的母亲不清楚的是，这看似不错的婚姻，实际上是一颗地雷，隐藏着更深的隐患。

亲密关系的创伤，其实可以通过亲密关系修复。如果小桃的母亲找到了一个很爱她、全情接纳她的丈夫，或许她从小被抛弃和被忽略所带来的人格缺陷会慢慢生长完整。但遗憾的是，她实际找的是一个常年与她异地、还在外面招蜂引蝶的男人，这样的遭遇，只会让她童年的创伤雪上加霜，愤怒、委屈都随之呈几何级数字暴增。

一个人的愤怒和委屈如果不发泄出来，就会转向内部攻击，大多数的结果就是变成严重的抑郁症，更糟糕的可能就是自杀。不过，小桃的母亲没有把这些情绪留在体内，她选择向外发泄，而她唯一的发泄对象，就是她的孩子——小桃。

小桃的母亲大概也知道，其实小桃真的没有做错什么，但是她就是忍不住去朝她倾泻自己的愤怒和委屈。在小桃的母亲的潜意识里，对亲生父母的恨意连绵不绝，当她把这些恨意都甩给小桃的时候，小桃实际上扮演了她的亲生父母的角色，去承接了这些恨意。也就是说，这场冲突中，小桃的母亲是一个孩子，而童年的小桃，无辜地成了她母亲的母亲。

两个孩子的战争

尽管小桃也明白，母亲有她自己的经历和局限，但是她不明白的是：“她明明没有办法做一个好母亲，为什么却偏偏要生下我？”

其实，小桃很可能误解了她的母亲，她的母亲或许从来就不知道自己不会成为一个好母亲。换句话说，很多成年人大概都没有意识到，其实自己的内壳里住着一个渴望被爱被安抚的孩子。

心理学的精神分析学派关于个体心理发展有一个名词叫作“固着”，它的意思是说，当一个人在某个心理发展阶段，如果得到过度的满足，或者由于没有得到充分的满足而受挫，那么这个人的心理特征很可能就不再发展了，而是停留在相应的婴幼儿早期。

在弗洛伊德看来，一个孩子从出生到1岁这个阶段，属于“口欲期”阶段，形成的最重要的心理特征就是“依赖与分离”的能力。如果一个孩子被母亲正确地对待，这个孩子就会体验到这个世界是安全的，是可信任的，母亲是爱自己的，那么这个孩子就可以学会很自由地依赖和很自由地分离（断奶），他独立的人格就会打下良好的根基；但是如果这个孩子没有被很好地对待，比方说像小桃的母亲一样遭遇抛弃，那么这个孩子就会觉得这个世界充满危机，而且潜意识会一直渴望与父母的链接，那么他的人格可能就会固着在这个阶段。也就是说，在他的余生，他与亲密关系中的人可能都在试图寻找早年与父母的链接，所以就会建立一种相对比较病态的“依赖共生关系”。

当小桃的父亲，没有办法满足小桃的母亲对依赖共生关系的渴求时，她便把这种关系的渴望移植到了小桃身上。而且，她从童年习得的对爱的表达，就是“苛责”“鄙夷”等方式，所以她把这些方式也都复制在了小桃的身上。

小桃这位已年届花甲的母亲，大概从来都不曾知道，她的内心里其实住的是一个不满1岁的小孩，而她的女儿小桃，也因为她的人格特征，心理年龄停留在童年早期。

硝烟弥漫和冲突升级的战场上，实际上就是这样两个孩子在打得头破血流。

如何跟自己的父母和解

这是我在心理咨询中常常遇见的问题，面对一个曾经苛刻对待自己的父亲或者母亲，想让一个人去拥抱他们，确实很难。甚至对待一些情况严重的人来说，比方说小时候遭遇过一方的性侵，你让他们去拥抱父母，可以说很残忍。

这就需要我们看清和父母和解的本质是什么。

和父母和解的本质，是我们要和父母留在我们内在世界里的那个糟糕的自己和解，而非在现实层面上去和父母握手、拥抱。

具体来说，你可以尝试以下的努力：

▶ 告诉自己“一切都不是我的错”

小时候被指责、被苛刻对待，并不都是因为你做错了什么，而是父母的局限造成的，他们没有成熟的人格，没有能力去善待你，所以你不要一直陷在自责中。

▸ 看见真实的自己

你内在那个总是批评指责你的声音，是虚妄的，你并不像他说的那样糟糕。你或许比较孤僻、比较敏感，或许总是喜怒无常，但是没关系，这不是糟糕，这是你的独特与不同。

▸ 和童年做一场告别仪式

人的很多糟糕情绪来源于对童年的移情反应，如果能够好好地和童年告别，学会长大并对自我负责，童年也许就不会那么深刻地影响你了。

心启发

如何走出不幸福的原生家庭阴影

你可以尝试以下的努力：

- 把心中积累的委屈、愤怒甚至怨恨，用可行的方式表达出来，比如写日记等。
- 告诉自己“一切都不是我的错”，是父母缺乏成熟的人格，所以你不必总是自责。
- 看见真实的自己，糟糕不是你的全部，你也有非常好的一面，去发现它、欣赏它。

爱与冲突是可以并存的

心理关键词：假性独立

拒绝化疗的癌症女孩

April找到心理咨询师Paul的时候，已被检查出得了癌症，她拒绝化疗，拒绝告诉任何人。

准确地说，Paul是第二个知道她得了癌症的人。而第一个，是她在确诊癌症回学校的路上，一个陌生人和她搭讪，她对对方大喊："我得了癌症。"

April是一个正在大学读建筑系的女生，她的家庭关系中，父母健在，有一个精神不太好的弟弟，除此之外，和她亲近的，还有刚刚分手没多久的前男友。而关于癌症一事，她没有告诉他们其中的任何人。

事实上，在April成长的这些年，已经习惯了独自处理各种各样的问题，她不习惯别人来帮助自己，不习惯别人对她太热情。比方说，她的上一任心理咨询师，对她表现出极大的关切的时候，她觉得对方是为了满足自己的好奇心，所以就从诊疗中脱逃了，再也不去见他。

Paul作为April的新任心理咨询师，觉得自己有必要劝说这个女孩尽快去做化疗，以挽救这个年轻的生命。可是当他提出这个建议的时候，April明确地拒绝了，并且说自己有使用一些中医方式在治疗，也有坚持做一些体育锻炼，相信自己会慢慢好起来。

Paul非常清楚，April不是拒绝化疗，而是（潜意识）拒绝承认自己得了癌症。她口中的中医治疗、体育锻炼，不过都是在通过“仪式化”的防御方式来隔离自己与癌症之间的链接，毕竟承认自己得了癌症这件事，是要面对癌症可能带来的死亡，这会让人体验到巨大的恐惧、焦虑和绝望。

不过，事实上，关于April（潜意识）拒绝承认自己得了癌症的原因，Paul只猜对了一半，还有另外一半原因，隐藏在April的童年。

她曾独自经历生死

在一次新的心理治疗中，April回想起一件关于自己小时候坠楼的事件。

在April的回忆里，她记得在她10岁左右的时候，父母因为某个理由在一个高层酒店举办了一场宴会。宴会上霓虹闪烁，音乐四起，所有的来宾都在翩翩起舞，April也看见自己的父母深情相拥，随着音乐的节奏，在舞池中愉快地舞动。

大概是场地太拥挤，靠近窗边的April从低矮的玻璃窗坠楼了。奇迹的是，她坠落到了一楼的一个雨棚上面，缓冲之后才又落到地面，她没有受伤，但她仍然感到惊恐万分，哇哇大哭，然后起身返回舞场。

让我们把故事暂停，想象一下，如果你是那个坠楼的10岁小姑娘，此刻的你会做什么？

也许会哭喊着回到舞场，拉着自己的父母告诉他们，你刚刚坠楼了，你很害怕，你身体很疼痛。然后，父母可能会紧紧地抱住你，安抚你的焦虑和恐惧，再带你去医院进行身体检查。——这是你想象的场景，对不对？

然而，April没有这样做，她在回到舞场前，看到酒店走廊中有一面镜子，她站在镜子前，告诉自己“April，你不许哭”，然后，她真的不再哭了。

她镇定自若地回到舞场，看着自己的父母翩翩起舞，母亲闭着双眼，感受着快乐和爱意……没有人发现April刚刚坠楼了。

这个故事掩埋了10多年，她的父母也一直都不知道10岁的April曾经历了生死劫。

在那之后，每当April遭遇到一些伤害性的事件或者挫折的时候，她都会习惯性地对着镜子自言自语“April，你不许哭了”，然后她就能立即停止哭泣，好像什么事情都没有发生一样，让生活继续。

这就是April在潜意识里拒绝承认自己得了癌症的另外一个原因：她不允许自己脆弱，不允许自己生病，她只能独立，只能强大。

拒绝感受自己、表达自己

心理治疗师Paul试图带着April去看见她的这部分自己，即习惯性坚强，不敢表达脆弱的自己，也试图让她看见，造成她这个人格特点的原因，是她的母亲忽略了她。

但是，当Paul试图去分析她母亲对她的影响的时候，April非常气愤地说：“停止！请你不要指责我的母亲，我认为她没有做错任何事情！她明明可以成为一个非常棒的芭蕾舞演员，但是为了照顾我的弟弟，她放弃了她最爱的芭蕾舞，全身心地照顾精神不太正常的弟弟，这才能够让他在安全的环境中成长，让他不觉得自己是个‘怪咖’，他现在才能成为一个图书管理员……我的母亲确实在跳舞的时候没有发现我坠楼，但是她平时视线都离不开我那个弟弟，她难得有一个可以放松的时间，难道我要去破坏吗？我要让她继续紧张兮兮吗？……”

April为母亲当年忽略自己找到了很多理由，她感同身受地觉得母亲“很伟大”，为了弟弟牺牲了太多；她也能对弟弟的遭遇表达共情，觉得他的世界太过艰难。

April似乎能够理解全世界、感受全世界，但是，她唯独不能够感受自己：那个同样是个孩子，生病了也渴望安慰、跌倒了也渴望关注的自己。因为一旦她成功地感受到了自己，她必然同时要面对另外两种与之共存的感受：一是指责父母对她的忽略；二是嫉妒弟弟抢走了父母的关爱。

孩子出于本能，会很爱自己的父母，April也不例外。但当她发现自己内心深处对父母有指责、对弟弟有嫉妒的时候，这种矛盾的情感会让她感受到内疚，抑或是心痛。

为了不让自己体验内疚和心痛，April通过“合理化”的防御方式，即认为母亲做的一切都是对的，阻止自己去感受自己、表达自己，并且让自己表面上变得很坚强，来配合母亲对自己的忽略。

承认恨，才能看见爱

这个故事到这里并没有结束，April在心理治疗师Paul的帮助下，最终还是把自己得了癌症的事告诉家人，她也得到了家人的关照。

之所以会对故事的前半段着墨众多，是因为它和我平时在咨询中遇到的很多情况都类似。比方很多来访者会说：

“我妈工作太忙，没时间照顾我，这个很正常。”

“我妈的性格就是大大咧咧的，她不是对我这样，她对任何人都这样。”

“我妈的童年本身就不太好，她这么糟糕地对待我，其实我可以理解。”

…………

这些母亲真的有做错什么吗？坦白讲，没有。她们在主观意愿上，没有想要伤害任何人。

但这只是事实的一部分。

还有另外一部分事实是：尽管无意，但伤害已经造成了。孩子们在母亲的忽略下，或者发展出如April一样的“假性独立”，或者发展出什么都想靠别人的“依赖型人格障碍”。如果没有及时察觉，这些孩子在余生都可能想要通过病态的独立，或者病态的依赖，试图弥补早年缺失的与母亲的深度链接。

“可是，伤害发生了，我还能怎么办？声讨我的母亲吗？”这是很多来访者爱问的一个问题。

我们当然不是要和母亲势不两立，甚至和她针锋相对，我们要做的是对自己的情感不再隔离。

当你用合理化的方式，拒绝承认自己对母亲有指责和恨意的时候，就意味着你给自己和母亲之间砌了一堵厚厚的墙，你的愤怒流淌不出去，她的爱意也传达不过来。所以，请试着在内心承认自己对父母有深重的指责，试着向父母承认你需要他们的支持和关爱，试着给自己和父母建造一个链接的渠道。

当你发自内心地承认这一切的时候，被压抑在潜意识里的自己才能被解放出来，和此刻的、理性的、意识层面的你进行重新整合，从而蜕变出一个新生的、完整的、生机盎然的你。

我们爱自己的父母，毋庸置疑；父母也爱我们，无须辩驳。只是，这不等于我们和父母之间，就没有冲突或者不能有冲突。

爱与冲突是可以并存的。

只有承认恨，才能看见爱。

（注释：文中April案例取材于美剧《*In Treatment*》）

心启发

如何告别假性独立

- 承认“我需要你”，不代表你弱小，更不是什么丢人的事。
- 每个人的能力都有限，允许对方偶尔不能满足你的需要，并且不要为此感到受伤。
- 时常提醒自己：要相信爱，相信给予我们爱的人。

最深度的认同，就是把自己活成你的样子

心理关键词：创伤代际遗传

心理咨询中常常会有一个非常有趣的现象：来访者会控诉自己的父亲或者母亲，讲述他们如何糟糕地对待自己，指责他们是多么缺乏爱的能力。

当这些陈述和控诉在咨询室呈现出来的时候，它不仅仅勾勒了那个糟糕父亲或者母亲的形象，很多时候也是来访者自己的模样。

我居然很像我讨厌的母亲

叫她小方，不是因为她是“村里那个姑娘”，而是因为她姓方。

大概从很小的时候，小方姑娘就觉得自己的母亲是个“母老虎”“母夜叉”，并且暗暗发誓，长大之后绝对不会和母亲这样的人做朋友。

其实，小方的这个心思很容易理解，一个小姑娘从有记忆开始，就总是遭到母亲的指责，换了谁都会对母亲不满。

小方带着这样的信念慢慢地长大了。值得开心的是，她如愿以偿地没有交到像母亲那样的朋友，但也有让人不太开心的事情，那就是小方好像根本就没什么朋友。

吃饭、逛街、看电影……几乎所有的活动，小方都是一个人。她倒也不是没有尝试过跟朋友一起活动，但是好像每次都不欢而散。

比方说，有一次她和两个同事一起去吃饭，其中一个同事在她上厕所期间把菜提前点完了，小方回来发现没有问她的意见，于是就火气很大地跟那个点菜的同事说："你这个人怎么这么自私啊，只顾着自己，也不问问我们吃什么就点完了啊！"从此之后，那个同事就再也没有邀请过小方一起吃饭。

还有一次，有两个朋友邀请小方周末去周边自驾游，小方很开心地去了。途中，开车的姑娘因为听错了导航，于是走错了路，这时候坐在后面的小方开始忍不住抱怨起来："哎，你这人怎么这么蠢啊！导航都能听错啊，我也真是服了你了……你看看，现在几点了，我们到景区都要晚上了，还能玩吗……"小方唠叨了一路，也把这个朋友给唠叨跑了。

夜深人静的时候，小方自己也会思考，为什么身边没有朋友呢？是不是自己真的太严苛、太挑剔了？为什么自己就不能对他人宽容一点呢？

她在不停地反问中，渐渐地看见了自己身上有母亲年轻时候的影子，这种感觉让小方有点不寒而栗。

她不明白，明明自己是如此讨厌母亲，可是为何偏偏越长越像她。

其实你从未停止向母亲表达“我爱你”

你知道自己是什么时候开始有生命的吗？

不是从母亲肚子里出来那一刻，而是在此之前。在母亲的肚子里，你的生命就已经开始了。你通过脐带与母亲链接，从她那里汲取营养，从她那里感受情绪，从她那里向往生命的美好。

当你呱呱坠地的那一刻，你的生命发生了第一次转变，你的世界从母亲的子宫变成了眼前有阳光、有空气、有花草、有芳香的一个新世界。

就这样，早在生命的最早期，你就跟母亲建立了非常深的链接，你感谢她带给你生命，感谢她将你带到这个五彩斑斓的新世界，在生命最初的本能里，你对母亲充满了浓厚而深层的爱。

无奈在后续的生命里，由于母亲性情暴躁、冷漠、充满破坏的攻击性，以至于你从她那里感受到的都是冰冷。面对这冰冷，你无法向她表达本能里深藏的爱意，于是只能将这爱，挤压在自己的潜意识里。

后来你慢慢长大了，开始学会评判人。你觉得母亲好讨厌啊，总是喜欢批评人、指责人，你也在这样的批评和指责中感受到伤害，于是信誓旦旦地说自己要远离母亲，要和母亲这样的人断绝来往。

可是你不清楚的是，压抑在自己潜意识里对母亲的爱，一直都没有消失过，它在持续发酵，寻找表达的出口。

在意识层面，你不爱自己的母亲，自然也就无法说出“母亲，我爱你”这样煽情的话；但在潜意识层面，你对母亲却从来没有停止过表达“我爱你”。

但是，到底该如何表达？如何让母亲知道你爱她？

认同。如果你能对母亲表达认同，就代表你爱她。

可是，又如何向母亲表达认同呢？

把自己变成她的样子，就代表对她最高度的认同。

潜意识就是通过这样的自问自答，慢慢地把小方变成了她自认为可怕的母亲。

停止复制：看到恨背后的爱

虽然潜意识把小方复制成了她的母亲，但是在意识层面，小方还是打心眼儿里不愿意让自己成为母亲的模样。

那么，小方能否告别这种复制般的认同呢？

当然可以，前提是小方要承认本能里对母亲的爱。

如果是小方听到这样的告诫，估计她气得跳起来：“胡说！我怎么可能爱她？！我恨她还来不及，怎么可能爱？！”

可是，姑娘，你先冷静一下，让我们换个场景来思考一个新问题。

如果说，你们小区门口有一个陌生人，看见你之后跟你说：“你今天怎么穿得这么丑啊？真是太奇怪了！”

对此，你有什么反应呢？你会恨他吗？我想不会。

你大概会说上一句：“神经病，我穿什么关你什么事！”然后就走开了。

接下来的一段时间，你总是能在小区门口碰见这个陌生人，他也总是会说你各种不好，比如说你长得难看，说你衣服搭配得不好，说你配不上你的男朋友……你会上去和他大吵一架，然后对他心生无休止的恨意吗？

我想也不会，你大概会以为他就是个神经病，然后绕到另外一个小区门，尽量让自己避开这个“神经病”。

同样是两个用语言伤害你的人，一个是你的母亲，一个是门口的陌生人。为什么你对母亲的恨意绵绵无期，而对陌生人却是了无恨意呢？

因为一个在乎，一个不在乎。

我们可以把自己的任何一种情感/情绪都理解为一种能量，是能量就会发生流动，就会遵守能量守恒定律。因为在乎母亲，所以有能量的流动；因为不在乎陌生人，所以就不会产生能量的流动。

我们对母亲充满爱，这份爱作为能量投射给母亲的时候，母亲没有用爱投递回来，而是用糟糕的抚养方式反馈给我们；为了匹配这糟糕的抚养方式，我们就把爱变成了恨，这样才能维持能量的平衡。

所以，**你对母亲的每一寸恨里面，都藏着对她深深的爱，以及对她的爱的渴望。**

当你能够承认，你是在用恨表达爱的时候，你就会看到两个真相：

你爱你的母亲。

你的母亲不爱你（不懂如何爱你）。

我知道，看到这两个真相的你，一定会非常非常难过，如果是这样的话，其实你可以让自己心里的委屈随着眼泪一起释放出来。

当你承认了对母亲的爱，你潜意识压抑的爱就有了表达的出口，它也就不会强迫你通过对母亲的认同来表达爱，它就不会继续操纵你，最终活成你母亲的样子。

如何告别家庭创伤的代际传递

父母对待孩子的方式，会影响孩子的人格发展和形成，同时也影响他们对待子女的家庭教育方式，这个现象叫作家庭创伤的代际传递。

德国心理学家阿芙葛拉赫曾做过“纳粹集中营”对受难者内心创伤的研究。他和他的团队发现，这种创伤最多可持续五六代人之多。许多创伤的表现形式，都是以孩子们的阴影继续存在的。

想要告别家庭创伤的代际传递，你可以尝试以下努力：

▶ 接纳已发生的事实

承认自己的童年是糟糕的，爸爸妈妈确实没有用正确的方式来爱你。

▶ 看到上一代的局限

父母的成长环境、家庭环境或许也很糟糕，他们主观意愿上或许并没有想要伤害你，对于自己的人格，他们也无能为力。

▶ 学会自我负责

作为一个成年人，要相信自己有选择的能力，你可以选择和过去告别，成为一个为自我负责、也自由自在的个体。

心启发

如何处理对父母的恨意

- 恨的背面是爱，首先要承认内心对父母充满爱意。
- 看见父母的“爱无力”，他们不是不想爱你，而是缺少爱你的能力。
- 接纳父母无法爱你的事实，停止继续向他们索要他们给不了的爱。

忽视，有时是种谋杀

心理关键词：假我人格

你有过被人忽视的体验吗？那是一种什么样的感受？

你一定会说："噢，糟糕透了！我可不想再体验那种感觉。"

的确，被忽视的杀伤力极大，甚至可以毫不客气地说，亲密关系中的大多数伤害都来自被忽视。

被忽视，就是被谋杀

为了让你更好地感受被忽视，下面让我们来玩一个情境体验的游戏。

我们一起退回到你的童年。假设你是个单亲家庭的孩子，现在你大概三四岁，上幼儿园的时候。

在幼儿园学习玩耍一天之后，终于迎来了你盼望的放学时间，可是你的父亲由于加班应酬等原因，并没有及时地出现在学校门口。你本想着，放学后就可以回到家去玩你心爱的小小三轮车，却因为父亲没有及时出现而无法实现了，你感到有点心灰意懒。

紧接着，你被老师安排和其余几位也没有家长来接的小朋友在游乐室内一起玩耍。其中一个小朋友拉着其他小朋友说不带你玩，你被孤零零地遗落在角落里。你感到很孤单，你很想跟他们一起玩，于是你走过去，说自己想和他们一起玩。

其中一个力气比较大的小朋友一手把你推开，并且叫喊着“我们才不要跟你这个没妈的孩子一块玩”。你听到这句话之后，感到屈辱和委屈，于是反手还击，把这个孩子给打了。

这时候，你父亲来接你了，幼儿园老师把你打架的事情告诉了他。你的父亲听后，不问青红皂白地把你揍了一顿。你感受到更大的委屈，想说却说不出来，于是你只能哇哇大哭。

在这整个过程中，你一连遭遇了几次忽视：

父亲没有及时出现在学校，忽视了你渴望早点回家；

小朋友们不带你玩，忽视了你渴望和他们做朋友；

老师没有深入了解你打架的原因，忽视了你渴望被尊重；

父亲二话不说就揍你，忽视了你渴望维护自己对母亲的爱。

他们看到的，都是外显出来的你：有点调皮的、“没有妈妈的”、不用费心照顾的你。他们忽视了你内心真正的渴求：爱、尊重、友谊、链接。

你用一个又一个信号去表达你内心这些真正的需求，但是他们总是看不见。他们规定你要乖巧，要听话，不要打架，只有你表现得如他们规定的那样，你才能够获得他们的称赞。

为了获得这些称赞，当小朋友说你是“没妈的孩子”的时候，你不再反驳了；当父亲没准时下班来接你的时候，你也不再委屈了……

日复一日地，你成了老师和家长眼中的“好孩子”，而你内心中那个真正的自己，那个渴望链接、渴望关系、渴望爱的自己被深深地压抑在潜意识里。

就这样，那个真实的、充满生命活力的你，被谋杀了。

再坏的关系，也比没有关系要好

再后来，你背负着那个由被忽视塑造出来的“假我”长大了，你在表面上维护着和每个人之间的和谐，但是，只有你自己知道你的内心是多么脆弱不堪。

潜意识里被压抑的那个真自我，总是时不时地跑出来，提醒你需要爱、需要关系，所以你总是在夜深人静或者一群人狂欢的时候，感受到格外孤独。

你是那么渴望能够和别人建立链接，但你的内心又非常惶恐，你害怕当你表达出自己渴望爱和关系的时候，会遭遇童年一样的感受，即被别人用嘲笑、冷漠、离去等各种象征化的方式向你表达忽视。

可是，如果没有关系、没有链接，你体会到的自己就好像是一个透明人，感觉自己就要被黑暗深深地吞没掉。

你的潜意识这时候又告诉你：你必须和人建立关系，这个人也可以是你自己。于是，你把本应投注到外界的对爱的渴望，向内投注到了自己身上——你开始了对自己深深的自恋。

自恋，从精神分析的角度来说，本质上是一种对内的攻击。于是，你发现自己慢慢地陷入抑郁情绪，或者呈现出某些躯体化的疾病，这实际上就是你的“自恋”导致的。换句话说，你通过让自己抑郁、让自己身体疼痛的方式，与自己建立了链接。

被忽视的伤害有多大

有人读到这里可能会发出疑问："为什么我不能通过更健康的方式与自己建立链接呢？比如说真正地爱自己。"

那是因为，你的内在没有一个充满爱的客体，你从小没有习得"爱的能力"，你只能以小时候学会的"被攻击"的方式来建立与自己的链接。

事实上，已经有实验研究证明：那些从小被忽视的孩子，很多在长大之后会呈现出躯体化的疼痛症状，比方说头疼，或者浑身疼，等等。这些躯体化的症状如果去医院进行检查，查不到任何病因，本质上来说，这些症状都是个体在心理上进行对内攻击造成的结果。

虽然，这些通过自恋的方式，与自己建立的链接看上去很糟糕，但是它至少能让我们感受到自己的存在，能够感受到自己"活着"。所以，即便痛苦，即便难忍，你还是停不下来对自己的攻击。

这种糟糕的自恋，如果控制在某个范围内，不影响我们正常的工作生活，或许没有什么大问题。可是，如果控制不住，让自恋持续和深入地发酵下去，必然会带来毁灭性的影响。比方说最严重的抑郁就是自杀，而自杀，实际上就是最终极的自恋。

不要再小看忽视这件事，它真的有可能毁灭一个人的世界。

如何应对被忽略带来的创伤

应对被忽略的创伤，就要学会打破自恋，也就是让自己对内的攻击转向对外。对此，你可以尝试以下几种方式：

▶ 通过语言表达，把攻击转向外部

这里所说的语言表达，不仅指言语上的沟通，也包括写作等沟通方式。当然，攻击外转的前提，是你能够觉察到自己因为被忽视而感受到委屈或者愤怒等不良情绪，然后你可以选择找一个客体吐槽，也可以选择没有人的地方，把不良情绪通过自言自语的方式清空，还可以以写信的方式，把你对某个人的愤怒表达出来。

▶ 从意识上强化自己对他人的信任

一般来说，从小被忽略的孩子，在长大之后都不太能够信任别人，所以建立关系也会比较困难。如果你能够察觉到自己在潜意识里对别人不信任，你就已经成功了一大步。

接下来你要做的，就是在意识上强化自己对别人的信任。比方说，在你和别人建立一段关系前，告诉自己“对方是值得我信任的”。把潜意识意识化，实际上就是精神分析治疗最有效的途径。

最后，如果你通过自己的力量搞不定，你可以考虑找一个专业的心理咨询师帮你处理问题。

心启发

如何走出“被忽视”的阴影

- 从小被忽略的孩子，内心很容易积满委屈和愤怒，尝试通过写日记等方式把委屈和愤怒表达出来。
- 尊重自己真实的感受，拒绝过度讨好。
- 相信这个世界很安全，不会因为你展现了真实的自己，你的世界就被瓦解掉。

Four

情绪：委屈

亲密无能，因为你心里有个嫌弃的自己

心理关键词：亲密障碍

有读者写信给我，说自己有亲密障碍，具体表现为：对于刚刚认识的、认识很久的（如10年以上的老同学），甚至是家里的亲戚朋友，她都几乎没什么联系；甚至是身边的老公，也是除了孩子的问题便再无其他沟通，两人经常陷入“他玩手机我看书”的局面。

这位读者在来信里还说，感觉自己活在一个人的世界里，觉得自己很差劲，谁都不想联系，一点活力都没有。

她说不明白自己为什么会这样，希望我能帮帮她。

我们为什么渴望亲密

你有没有类似的问题？比如：在社交场合很紧张，总是感觉同事不待见自己，不敢和人表达自己真实的意见，等等。其实，这所有的问题，本质上都指向一个共同的需求：我们渴望与他人亲密。

但这又是为什么呢？为什么我们会如此渴望与他人的亲密？

在回答这个问题之前，让我们尝试做一个思维实验：

假设你误食了一种食物，然后变成了“隐形人”，你依然可以自由地穿梭在这个城市当中，感受灿烂的阳光，呼吸新鲜的空气，品尝美味的食物……唯一不同的是，你周围的人都看不见你，他们不会跟你say hi，也不会坐下来陪你聊聊。可能短暂的一段时间里，你会觉得这样很好玩，可是如果时间拉长到几年甚至更长的时间，想象一下，你会有什么样的感受？会不会觉得很孤独？是不是很渴望别人能看见你？

你会发现，**原来与别人之间建立一种联系，是和阳光、空气、水、食物，甚至自由，同等重要的东西。**

这就是我们渴望亲密的原因：它是一种本能，它能确认我们的存在，能够帮助我们抵抗孤独、死亡等最根本性的焦虑。

弗洛伊德把人的自我分为三个层面：本我、自我、超我。

为了方便理解，我们可以把这三个自我理解成：本能的我、现实的我、理想的我。

本能的我，就是生命最初的，那些不曾被我们清醒意识的自我；

现实的我，就是此时此刻的你，它是不断流动变化的；

理想的我，就是你将来希望成为的样子，它并非恒定的。

之所以说渴望亲密是我们的一种本能，就是因为亲密在我们的生命之初，给“本能的自我”带来很多好处：

当我们还没有降生到这个世界，我们通过脐带与母亲建立亲密关系，我们从母体内获取养分，然后自然生长，到呱呱坠地，所以，通过亲密，我们获得了第一重好处：生命。

当我们呱呱坠地，赤身裸体地来到这个世界，我们通过身体与母亲建立亲密，母亲抱着我们、喂养我们，这是亲密带给本能的我们的第二重好处：生存。

当我们能睁开眼睛，好奇地看着这个世界，变身一个小婴儿的时候，我们通过情绪与母亲建立亲密，哈哈大笑或者哇哇大哭以获取母亲的关注。这便是亲密带给本能自我的第三重好处：情感满足。

所以，在我们生命密码的底层，亲密赋予了我们生命、生存和意义，它是如此的重要，我们自然也就会本能地去寻找和追逐亲密。

为何亲密关系会出错？

既然渴望亲密，就像我们渴望空气食物水一样，是一种本能，那为什么我们能自由地决定自己吃什么、用什么，却无法自由地发挥自己亲密的能力呢？

秘密就在于，亲密不是可以单独存在的物品，它必须“寄生”在关系之中，也就是说，我们只有通过关系才能获取亲密。

我们在这个世界上，无非要处理三种关系：

▷ 我与自己的关系；

▷ 我与他人的关系；

▷ 我与世界的关系。

那么，亲密要从以上哪一种关系中获取呢？

让我们回到我那位读者的来信，从她的信中，我们不难看出，她对所有的亲密的渴望都指向别人：自己的丈夫、自己的家人、自己的朋友。

是的，只有在与他人建立关系的过程中，我们才能体会到亲密。换句话说，亲密之所以会出错，就是我和他人之间的关系出了错。

我的一个朋友陈大栗，她和这位读者一样，没有任何动力和其他人联系，除了朝九晚五的工作，几乎处于零社交的状态。她说，她的世界非常非常安静，安静到每一个夜晚、每一个周末，都不会有电话声响起，即便“滴滴”了两下，也一定是10086或者骚扰电话。陈大栗说自己很怕这种安静。

对此，我和陈大栗之间发生过这样一段对话：

我：“既然你很不喜欢这样，那为什么不和朋友们联系呢？”

她：“该结婚的都结婚了，该生孩子的也都生孩子了，而且日子也都越过越好。但你再看看我，都35岁了还单身，而且工作也没什么进展，和朋友们联系，感觉没什么好说的，也会很没面子。”

我：“那如果你现在结婚了，有很爱你的先生和可爱的孩子，也有一份正在上升期的工作，你会和朋友们联系吗？”

她：“那会吧。”

通过这段简短的对话，你是不是明白了什么？

是的，在“我和他人关系”之中，“他人”并没有做错什么。别人结婚、生孩子、工作升职，都是理所应当的事情，他人甚至还没来得及关注你，你就自己把亲密的门给关上了。

真正出错的并不是“他人”，而是“我”。是你自己，通过他人照见了对自己的不满和嫌弃，是你自己无法接纳自己糟糕的样子。

就好像陈大栗，她理想中的自我应该有一个温馨和睦的家庭和一份高收入又体面的工作，最好还有几个能让她沉迷的爱好，但现实却是，工作不顺，爱情没有，爱好归零。

当她活在自己的世界里的时候，没有对比，她就不会看到对自己的不满，这会带给她舒适和安全，所以她就把自己隔离。但是本能的自我在抗拒孤独、寻找存在，所以又提醒她要去建立亲密。

本能自我、现实自我以及理想自我，三者之间发生了冲突。这种冲突，让陈大栗觉得“好像哪里不对”“我很害怕这种安静”；这种冲突，是我们和别人无法建立亲密的根本所在。

如何提升和他人的亲密关系

想提升和他人的亲密关系，本质上是要整合内在分裂的自我，提升自我的悦纳程度。你可以尝试从两个方面努力：接纳真实的自我，努力实现理想的自我。

▸ 接纳真实的自我

大概是在2000年的时候，因为生活中发生了一个比较重大的变故，我得了抑郁症。其实在最初的时候，我并不知道自己得了抑郁症，我只是觉得自己的情绪不是那么高涨，面对别人的邀约也不是很热情，喜欢一个人待在家里，发呆。我记得发呆时间最长的一次，我坐在沙发上足足坐了4个小时，一动不动，什么也不想。

后来，我拒绝社交，然后失眠……直到脑海里萌生出“活着真没意思，不如死了算了”这种念头的时候，我意识到自己的问题严重了。

我去了医院，开了抗抑郁的药物，然后把自己的状态告诉了我的母亲。

失眠得到了缓解，但是我的情绪并没有随之变得高涨，我还是沉浸在对自我的彻底否定当中，觉得自己一无是处。

有一天傍晚，我妈拉着我走到了小区楼下，她指着来来往往的人，对我说：“从现在开始，你数一数，从我们面前经过的10个人，你告诉我，你觉得自己，比他们谁差？”母亲的这句话，好像宿醉后的老陈醋，让我一下子清醒了。

讲这个故事，其实想要表达的是，我们对自己的认知，很有可能会因为境遇，而与事实存在一些偏差。

顺风顺水的时候，我们会感觉自己简直天下无敌，棒极了；

诸事不顺的时候，我们会觉得自己怎么这么糟糕，太差劲了。

但是，你知道吗？这些都不是事实，或者说都不是完整的、真实的你。

你的存在，一定有暗淡的部分，但是也一定有闪闪发亮的部分，不要因为一时的不顺，就把发光的自己湮灭掉。学会在不顺的时候，去找到自己发光的部分，让它给你力量、给你滋养。

▸ 努力实现理想的自我

说回抑郁症的故事。

和母亲的对话之后，我在第二天恢复了之前的跑步习惯，每天傍晚，在隔壁的公园里坚持跑5～10公里。因为并不是惯性的持续，而是为了改变状态做的主动选择，所以最开始很艰难，有的时候情绪并不是很好，但我还是强迫自己坚持了下来。

有过跑步经验的人可能会知道，跑步之后，人会变得很轻松，心情也会变得愉悦。所以，即便情绪很差，通过持续不断的坚持，我的状态确实发生了变化，开始恢复了积极的视角，开始有了与这个世界发生链接的意愿。

我的意思是，**想要活出理想的自我，你总得去做点什么。**

哪怕每天坚持40分钟的运动，每天背诵30个单词，每天坚持读10页书……总之，去做点什么。它或许不会让你的生活马上就发生翻天覆地的变化，但是至少你比昨天更好了一点，你离理想的自我又进了一步。

当我们处理好与自己的关系，当我们解决了自己内心的冲突，我们和他人的亲密关系自然也会跟着舒展开来，你会发现眼中的世界都变得大不一样。

人生那么长，不要急，也不要慌。

但是，开始学习好好爱自己，此刻就是最好的时机。

心启发

如何告别亲密无能

- 接纳自己的不好，要知道，每个人都有一些不太好的部分。
- 主动联系别人，让情感在关系中流动。
- 不要害怕受伤害，你是个大人了，没那么容易被打倒。

亲爱的，这不是你的错

心理关键词：自我厌恶

心理治疗师肖恩在给天才少年威尔进行心理治疗的时候，遇到了威尔的阻抗以及对自己童年创伤的逃避。后来，肖恩在一次治疗中，抓住一个切入的时机，不断地对着威尔重复“这不是你的错，这不是你的错……”，威尔忍不住泪流满面。

这是经典的心理学电影《心灵捕手》给我印象最深的一个片段。

威尔之所以会痛哭流涕，是因为这句“这不是你的错”将他埋藏在潜意识深处的自责成功地诱导并释放了出来。而将自己的现实生活搞得狼狈不堪，就是威尔基于对自己的自责，给自己施以的惩罚。

现实生活中，很多有童年创伤的人，也在像威尔一样，用苦难当作对自己的惩罚。

她为什么要这么对待我

在这22年间，小雨的内心一直埋藏着一股愤怒，这股愤怒指向她的母亲：她为什么要这么对待我？

小雨口中的母亲，并不是她的亲生母亲，而是她的姑姑——

在她3岁的时候，父亲在病危前把她托付给了姑姑。小雨的父亲希望自己的姐姐，能够好生抚养自己的孩子长大。

关于亲生母亲，小雨知道的信息很少，因为在她刚出生没多久，母亲就离开了这个家庭。她对母亲的印象，多是来自奶奶或者其他人的描述，然而描述也不尽统一，所以亲生母亲到底是个什么样的人，她到现在也不知道。

在小雨的记忆里，她对母亲没什么印象，唯一一次直接得知母亲的消息，大概是她上小学高年级的时候，一个自称她舅舅的人突然找到她，告诉她，她的母亲去世了。

对于这个消息，小雨说自己“没什么感觉”，反倒是“突然之间觉得，怎么就莫名其妙地跑出来一个舅舅？”

之所以对亲生母亲去世“没什么感觉”，在小雨看来，是因为在她心里，早就把姑姑当成了自己的亲生母亲。可让小雨感到难过的是，自己认定的这个妈妈，并不是真的爱她，而是把她当成了由于责任而扛起的包袱。

为此，小雨找到了很多“证据”证明现在的母亲不是真的爱她。比方说，在她中考成绩出来之后，母亲因为她考得很好而特别高兴，在小雨看来，这没什么好高兴的，母亲这么高兴就是因为她终于可以向自己的爸爸有交代了；再比方说，母亲对她平时管教比较严厉，经常向她强调学习的重要性，这在小雨看来，也是因为母亲把自己视为一种责任，而不是出于爱；小雨还提到，在她上高中的时候，母亲坚持每天早上起来给她做早餐，而小雨对此很反感，觉得母亲这样做不过是为了履行责任，不想对自己的弟弟（小雨的生父）心怀愧疚……

总之，在小雨的眼中，自己就是母亲一份想要推却推不掉的责任，是母亲的一个包袱，无论母亲做什么，她都是在被迫履行责任。也正因如此，小雨常常和母亲发生激烈的争吵，她说：

“只要一想到自己的家，就忍不住难受、落泪，有的时候也会想，自己为什么要来到这个世界上……”

恨的转移

对家庭的不满，让小雨开始自我隔离，没有朋友，也不谈恋爱，她将自己置身于持续的低落和糟糕的状态之中。她把自己的这种状态，归因于自己和母亲的冲突，她总是不断地自问：“她为什么这样对待我？”

在小雨的家中，还有一个姐姐，是姑姑与姑父（养父养母）的亲生女儿，比小雨大几岁，因为学习成绩优异，早几年就出国留学深造了。

当小雨在控诉她的母亲把她视为“包袱”所做种种事情的时候，我问：“你的母亲对她的亲生女儿严厉吗？”

小雨说：“也挺严苛的。”

“如果她的亲生女儿中考取得了好成绩，她会高兴吗？”

小雨说：“应该也会高兴吧。”

“如果是母亲的亲生女儿读高中，她会坚持给她做早餐吗？”

小雨说：“应该也会吧。”

在这三组问答之中，相信你已经看明白了：小雨的养母其实对待她和对待自己亲生的女儿没有多大的差别，那为何那位亲生女儿对自己的母亲没有如此强烈的抵触情绪，而小雨却有呢？又为何她总是觉得自己是养母的一个包袱呢？

在接下来的咨询过程中，我让小雨先放下自己对现在家庭的所有情绪，以一种相对空白的状态和我一起感受一幅这样的场景：

“想象一下，如果一个婴儿，在三四个月大的时候，她的母亲就离开了她，抛弃了她，你会觉得这个婴儿可怜吗？”

小雨点点头。

“这个婴儿，会不会想留住自己的妈妈，不让妈妈走？”

小雨又点点头。

“可是这个妈妈还是走了，这个婴儿会不会伤心、难过，同时恨自己的母亲，并且责备母亲：你为什么要这样对待我？”

小雨点头，开始掉眼泪。

“这个婴儿在指责母亲的时候，会不会有点自责，自责自己没有能力留住妈妈？”

小雨已经哭得泪流满面，然后不停地说“我懂了，我懂了……”，小雨说自己懂得了是自己把对亲生母亲的恨，转移到了养母的身上，她问我是不是这个意思。

我没有正面回答这个问题，而是让她尝试从这个角度去重新体会她与养母之间的关系，或许她能够看到养母内心的委屈，也能够缓和她们之间的关系。

看清现实，停止自我惩罚

大多数有童年创伤的人，内心都安住着这样一个魔鬼，我们可以把它称为“自我厌恶感”，或者叫“自我憎恨感”。也就是说，由于小时候体验过“被抛弃”或者“被忽略”的创伤，这个孩子会把外界对自己的态度内化为对自己的认知：坚定地认为自己各个方面都是不好的，否则就不会“被抛弃”或者“被忽略”。

这个魔鬼随着孩子慢慢长大，然后开始控制他的思维方式和生活方式。

首先，他不相信自己会被爱，哪怕真的有人爱自己，他也会觉得那不过是对方出于不得已而为之的“责任”，又或者对方不过是被自己蒙骗了，一旦对方知道自己真实的模样，就是对方离开自己的时候。

其次，他会主动将自己的生活停留在一种“不舒服”的状态，比方说让自己持续感到孤独、抑郁，又或者与伤害自己的人做朋友，等等。因为这种不舒服的状态，会让他感受到熟悉、安全，符合潜意识里的自我期待，即“我只配得上这样糟糕的状态”。

可是，亲爱的，你的潜意识不等同于现实。

现实是，你被抛弃，你被忽略，这些都不是你的错；

现实是，你很漂亮，也很可爱，你并非什么都不好；

现实是，你故意让自己处在糟糕的境遇里，不过是为了惩罚年幼的自己没有博得父母的爱。

当你看清楚这么多现实，你还愿意继续自我惩罚吗？

在最后的咨询中，我和小雨说，趁着青春年少，你可以好好打扮自己，尽情去体验恋爱的美好，还有生活的美妙。

老实讲，我不知道她会不会按照我的建议去做，但是至少，在她明媚的笑脸上，我看到了她对新生活充满了希望。

心启发

如何走出自我憎恨的牢笼

- 每当你憎恨自己的时候，请在心里默念“这不是我的错”。
- 看见内在那个充满委屈和难过的小孩，去拥抱他吧。
- 作为一个大人，你可以用一点一滴的行动去获取自信、获取成就感，这很难，但总是要开始的。

你不会表达，是因为不曾被允许表达

心理关键词：表达障碍

在我的一个系列直播课上，曾经有个组员提出过这样一个问题：为什么我总是表达不出自己的感受呢？包括面对父母。

现在，我们就来聊聊这个话题。

你的感受，未曾被允许表达

大概在两年多前的一个下午，我正打算从家出门办点事，从家门口出来之后，听到对门邻居家里有孩子哇哇大哭，那哭声听得人有点撕心裂肺的感觉。

伴随着哭声，还有大人的吼骂："再哭，我还打你，你听见没有？"

大概是听闻这样的话，孩子的哭声更大了。

这位母亲（没错，是母亲），大概真的走上去又去揍了孩子，孩子哭得更撕心裂肺了……

我站在门口实在听不下去了，然后忍不住跑过去按了一下门铃，那位母亲隔着防盗门看着我，冷漠地问了一句："什么事？”

我很克制地说：“我在对门听到孩子哭很久了，你应该也教训累了吧，差不多就得了吧。”那位母亲瞥了我一眼，骂了我一句“神经病”，就把门给关上了。

在孩子的哭声中，我很无奈地搭电梯离开了。

你小时候有没有类似这个被打的小孩的经历？

被父母打骂，父母还不允许你哭，只要你一哭，就打得更厉害，一直打到你不哭为止。慢慢地，你就习惯了被打的时候一声不哭了。

此刻，让我们来设身处地来体验一下这个被打的孩子的感受，请想象一下：

你在工作上，因为疏忽出了某些纰漏，然后你的老板把你叫到办公室，对你破口大骂：“你怎么这么蠢！你的饭都吃到猪肚子里吗？！你的脑袋里装的都是鸟屎吗？！……”在这暴风骤雨的批评责骂中，你试图找个空隙去解释一下，可是你的老板根本不给你机会，而是让你立即闭嘴，并且大吼道：“你还有脸解释？再解释，就直接收拾东西滚蛋！”

请问，此时此刻的你，会是什么感受？

愤怒、难过、恐惧、委屈……五味杂陈，对吗？

你体验到的这所有的感受，就是那个被打又不允许哭的孩子所体验到的所有感受……不过，你比那个孩子幸运，你受不了，可以选择离开；但是那个孩子，却没有“离开”这个选项，他唯一的选择就是承受。

承受什么呢？承受独自扛下这所有的愤怒、委屈和难过。

再后来，这个小孩慢慢地长大了，这个习惯也成了他的一部分，他很少去表达自己的负面感受，不是不能，而是根本就不会。

你把表达自己，视为对他人的攻击

事实上，你的表达障碍可能不仅仅是童年时期没有被允许表达而造成了创伤，很可能在你生命的更早期，1岁左右的时候，这种障碍就形成了。

0～1岁，在弗洛伊德的心理发展阶段描述中，被称为“口欲期”，即1岁以内的小孩，是通过嘴巴与这个世界获得链接并获取快感的。比方说，很多1岁以内的婴儿无论玩什么玩具，最后都要放在嘴里咬，这就是口欲期的典型特征。

口欲期的这个阶段，一个婴儿要体验和母亲从共生到第一次分化（断奶）的心理发展过程，如果这个过程发展得比较好，就会为孩子的独立人格、清晰的边界等奠定良好的基础；反之，如果没有发展好，孩子在人格独立和边界等问题上就容易出现问题。而这些问题在长大之后，可能会以与嘴巴相关的行为特征表现出来，比方说很难表达，或者总是絮絮叨叨，又或者有言语错乱等行为特征。

为了让你更好地体验这个阶段形成的表达障碍，我们做一个情境体验：

假想你是一个刚出生没有多久的婴儿，家门口轰隆隆的火车声经常让你感受到害怕，所以你用自己的哭声表达自己的害怕。可是你的母亲却是一个内心不那么有爱的人，通常情况下，都不怎么理会你的哭声，或者带有责怪的语气拍你几下。你从母亲的反馈中，看到了自己的不可爱、不乖巧、不懂事，于是你开始在潜意识里责怪自己，并且也体会到深深的羞耻感。与此同时，你也认为用哭声来表达自己的感受，是对母亲的攻击，让她体验到了不快。

尽管事实上你并没有错，但是你还是在潜意识里认同了自己的羞耻感，认为表达自己就是对别人的攻击。

这个潜意识伴随着你长大，带来的结果便是：你经常允许别人跨过界线对你进行掠夺，你感到很难受，但是却从来不懂得去拒绝。因为你不想表达自己的难过，那意味着你要体验与之伴随的羞耻感。

尊重感受，就是爱自己的开始

被你压抑的那些感受消失了吗？

当然没有。它们都通过各种变种异化，长成了其他模样。

首先，它们向内异化，演变成了各种病症，抑郁症、焦虑症、强迫症等，它们都是你压抑自己感受所带来的结果。

其次，它们向外异化，演变成你和外界的冲突，轻则特别容易愤怒，重则会形成破坏型人格，比如反社会人格障碍等。

所以，想要真正地爱自己，改变被压抑的生活状态，你最需要学会做的一件事，就是尊重自己的感受。

上周在做一个个案咨询时，我告诉我的来访者，希望他从和我建立咨询关系就开始尊重自己的感受。让我诧异的是，这位来访者反问了我一句："思远老师，什么是自己的感受？"

当他问出这句话的时候，我内心很是心疼，因为几十年的压抑，已经让他体察不到什么叫作自己的感受了。

我带领他感受了他的愤怒、难过、悲伤，然后告诉他，这些就是自己的感受。

他哭着点头说，知道了。

尊重自己的感受，就是当你感到愤怒、难过、委屈的时候，你不再压抑它，而是让它释放出来；

尊重自己的感受，就是不用再背负他人的期待，委屈自己去做一些自己明明不想也不愿去做的事情；

尊重自己的感受，就是当你尝试去说“我很难过”的时候，你不会为此体会到与之相伴的羞耻感；

…………

压抑了几十年的内心真实的感受，我想你一定很累很累吧？

那就让自己轻松一些吧，不要再去压抑它。

说出自己的悲伤和难过，表达自己坚定和拒绝，这没有什么好羞耻的。

心启发

如何恰当地表达自己的负面情绪

- 你要看见自己的情绪，觉察它的存在。
- 你要冷静面对它，想想它为什么出现，它到底在表达什么。
- 把情绪背后的自己，通过语言沟通等方式表达出来。

别为不属于你的观众，表演不属于你的人生

心理关键词：自我接纳

什么也不带，只身一人前往一片荒野里，自建木屋，生活资源自给自足，周围两公里没有人烟——1845年7月，美国人梭罗终于逃离了喧嚣的城市，回到他的出生地瓦尔登湖畔，开始了为期两年多的隐居生活。

你的生活，有没有类似梭罗的冲动？

我是说，你有没有经常地体验到想要从目前的生活中逃离的冲动？

如果答案是肯定的，也许是因为你的生活承载了太多的表演，戴上面具的生活让你无法自由呼吸，你渴望逃离，渴望真实的生活。

可是，一个人为什么不能真诚地活成自己，而偏偏要为他人表演呢？

应该指令：无意识的样板，指挥着你的人生

姚一凡经常体验到想要逃离的冲动，高中的时候，想要换班

级；大学的时候，想要换宿舍；如今已经工作两年多的她，最近困扰的问题是要不要换个办公室。

当我们想从一个环境中逃离的时候，一定是因为这个环境中有我们不能够面对和解决的问题，这些问题带给我们困扰，甚至是痛苦，于是我们想逃。

对于姚一凡而言，她数次想要逃离的原因，出奇的一致：都是人际关系的困境。

高中想要换班级，是因为发现自己一个好朋友经常被老师表扬，相比之下，自己好像没那么亮眼，她受不了；

大学的时候想要换宿舍，是因为宿舍有个女生家庭条件非常优越，性格也非常受欢迎，而她觉得别人好像都很喜欢那个女生，不喜欢她；

而最近想要换办公室，则是因为她发现办公室里的另外几个同事，年龄和自己差不多大，但是家境都比自己好，其他方面也都比自己顺利，她很受挫。

姚一凡说，她不能接受同龄人比自己好，她觉得自己在各个方面都应该是最优秀的，所以当她看到有人在某些方面比自己强的时候，她就会体验到深深的挫败感，然后想要超越，或者是逃离。

为了让自己看上去在各个方面都是最优秀的，她说她几乎不展示自己的脆弱和弱点，她总是把自己表现得很强大、很理智、很客观、很友好。不仅如此，她还会在朋友面前，时不时夸大自己的家庭背景、男朋友的职位等，她希望在所有人面前，做个看上去很完美的人。

姚一凡也说，这让她感到很累。

日常生活中，可能很多人会有类似姚一凡的感受，就是内心总觉得自己应该是某个样子，这个“应该”可能是很完美、很努力、很坚强的样子等，为了让自己实现这个“应该”拥有的样子，他们可能会不自觉地展开各种各样的表演。

实际上，我们之所以会在内心觉得自己应该如何如何，是因为我们在年幼的时候，通过父母的言行获取了某种“应该指令”。

心理学家泰比凯勒总结了常见的五种应该指令：“要赶快”“要完美”“要努力”“要坚强”以及“要讨好”。

这些应该指令，成为我们无意中的样板，塑造着我们、指挥着我们。为了让自己看上去和“应该”的样子更符合，我们可能会通过压抑自己的感受，夸大自己的能力等方式去在生活中扮演某个不是我们的角色。

当真实的自我被面具掩藏的时候，意味着我们没有被人看见，不会被人共情，情感无法流动。

是的，表演的人生，注定是孤独的。

拒绝接纳：为了隐藏一个小污点，花光我所有力气

李米今年26岁了，身边的朋友、同事，没有人知道她的父母早在她很小的时候就离婚了。

父母离婚，在李米的眼里是一件特别羞耻的事情，所以，她把这件事当作秘密一样藏了20多年。

同学聚会的时候，大家谈到自己和父母的情况，李米就会编织很多父母如何疼爱自己的故事说给大家听，引来众多羡慕的眼光；

明明自己一个人过生日，她做了一桌子菜，还要摆上好几

只碗，拍照发个朋友圈，说感谢爸爸妈妈的辛苦，为自己庆祝生日；

同事给她介绍个男朋友，相亲见面的时候，她也把自己的家庭描述得特别和睦，以至于尽管很喜欢那个男孩子，但因为怕谎言被拆穿，不得不放弃和对方继续约会了解的机会；

…………

李米说，为了隐藏她父母离婚这个污点，她花了好大的力气去编造一个又一个谎言。她没有男朋友，也没有无话不谈的好朋友，因为“父母很爱我，家庭很幸福”这个谎言，变成了她丢不下的面具，隔离着她和其他人的亲密交往。

既然表演如此难受，为何李米还乐此不疲呢？

因为李米在潜意识里，把父母离婚的过错归罪于自己，一旦承认父母离婚，就意味着她要承认自己的过错，这让她体验到羞耻、自责、难过。她不想承担这份过错，所以她选择拒绝接纳这个事实。

在日常生活中，也经常有人有类似的经验，就是会拒绝接纳或者承认一些已经发生在我们身上的事情。

拒绝承认婚姻出现了问题，于是忍着另一半夜不归宿的苦楚，在朋友圈拼命秀恩爱；

拒绝承认自己能力不足，于是总是喜欢虚张声势地夸大自己，编造很多故事说给他人；

拒绝承认自己人际关系不好，于是自己给自己买礼物，假装是朋友送的。

每一份拒绝，都伴随着一份表演，也都藏着一份恐惧：害怕被抛弃，害怕被人笑话，害怕无人喝彩……害怕越多，表演越多；而表演越多，害怕就更多……一个无限的恶性循环，拒绝承认和拒绝接纳，就这样撕裂着我们的人生。

寻求认同：我不太敢和别人不一样

为了在30岁的时候能够把自己嫁出去，赵一林相亲的最高峰值是1周参加了7场相亲见面会。

终于，在她30岁快结束的时候，如愿以偿地和一个交往了3个月的男士举行了婚礼。赵一林说，当婚礼真的要举办的时候，她没有体验到多大的幸福，倒是有种放松感，好像是说自己终于实现了结婚的目标。

婚后的赵一林，生活得并不是很幸福，另一半对很多事情的看法与自己并不一致，两个人对彼此的很多观点和爱好也不甚理解，婚姻很快陷入了没有沟通、无性的状态。即便如此，赵一林也没想过离婚。

“结婚、生子，这不是大多数女人该追求的归宿吗？至于有没有话聊，有没有性生活，这些事情不重要。”在赵一林看来，只要在外人眼里，她是家庭完整的就好了，至于这里面到底有没有问题、是不是很幸福，其实不那么重要。

人本心理学家马斯洛认为，寻求归属感是人的一大基本需求，归属感的来源不仅体现在个体层面，还体现在集体层面，被集体认同，也是归属感的重要来源之一。

为了寻求这种集体认同，很多人会不自觉地更在乎“别人怎么看我”，而非“我自己感受到底好不好”。为了满足别人对自我的期待和认同，有些人会割让自我的权利、压抑自我的感受，在他们面前，用表演的方式展现不属于自己的东西。

这种表演的结果是什么样呢？就是张爱玲的那句名言——看上去是一袭华丽的袍子，而里面实际上长满了虱子。瘙痒难耐，都是属于自己的。

你才是自己最好的观众

很多人在自己的生命历程中拼命地表演，实际上是因为在早年母婴的主客体关系中，没有从外在客体那里寻求到“我很重要”“我很有价值”“我很好”的核心信念，所以在后续的生命历程中就会带着这种缺失和遗憾，不停地去寻找。无论是为了实现生命中的应该指令，还是拒绝接纳某种不完美的历程，又或者寻求大众的认同，本质上都是在寻求自我价值。

可是，你的自我价值，真的藏在外界吗？

在2035年，又或者是2045年，反正是在未来的某一刻，美国这个国家因为环境惨遭破坏，生育率普遍下降，有反政府人士号称重塑美好国家，推翻了原有政权，建立了一个由宗教统治的基列国。

在这新的国度里，女性不准工作、没有收入，唯一的价值就是生孩子，而有生育能力的女性，被抓起来集中培训，要替这个国家位高权重的男人们——大主教们——生孩子。

这是美剧《使女的故事》所设计的剧情背景。

在这个极端的背景下，每一个女性，在外界的眼里，除了生育，没有任何价值。说得更直白一些，也就是说，如果这个女性不能生孩子，那么就没有活着的必要了。

如果每个人的价值是由外界决定的，那么生活在这个国度的女性，就应当听从安排，要么努力生育，要么被发配到殖民地折磨至死。

但是，总是有人相信，我的价值不是由外界所定，而是由自己决定的。剧中的琼和莫伊拉就是这样两个人。

她们运用自己的勇气、胆识、计谋去反抗外界给自己设定的价值，她们拒绝做生育机器，她们想要做一个人，一个可以有自己的喜怒哀乐、一个可以选择和男人战斗、一个可以追求自己事业的人。

最终，莫伊拉成功地逃离了基列国，到了加拿大，摆脱了恐怖的统治。

这个故事虽然极端了一点，但是至少，它可以很形象地展示一个道理：没有人能够真正定义你的价值，也没有人那么在乎你的生活。

你可以活得很勇敢，那是因为你选择了勇敢。

你可以活得很自信，那是因为你能信任自己。

你的生活究竟是绽放还是囚禁，说到底，掌握在你自己的手里，所以，别再为那些不属于你的观众，表演不属于你的人生了。

在人生这个舞台上，你才是自己最好的观众，也只有你，才能定义你自己。

心启发

如何告别表演的人生

- 觉察自己内心的“应该指令”，比如总觉得自己“应该优秀和完美”，那么便提醒自己，不优秀不完美也是可以的。
- 接纳发生在我们身上的所有不愉快，不要试图去掩盖它。
- 提升自我认同感，你不需要在他人的微笑中去获取力量。

你的口头禅里
藏着你生命的咒语

心理关键词：人格碎片

你有没有口头禅？又或者，你内心有没有一句话，经常无故冒出来？

我相信，大多数人都有。

你有没有认真思考过，经常无故冒出来的这句话，对于你而言到底具有什么样的意义？为什么你总是想到这句话，而非其他的话？它究竟是如何在你脑海中形成的，又是如何影响你的？

对此，你可能会很不屑，认为“不过是一句话而已，至于这样大惊小怪吗”？但是你知道吗？很多人的一生，仅仅是在为了一句话而活。

经常无故冒出来的那句话，也许就是你生命的咒语。

“我想要很多很多钱”

小琪是我的一个来访者，在我们十数次的咨询过程中，她经常说：“要是我有很多钱就好了。”而且我观察发现，只要每次遭遇到不顺，或者情绪状态不好的时候，她就喜欢说这句话。

在咨询过程中，如果一个人经常重复同一句话，那么咨询师会很警觉地意识到，这句话对来访者是具有特殊意义的，这句话甚至很有可能是这个来访者某种生命的隐喻。

于是，我试图和小琪探讨这句话对于她而言到底有什么意义。

“你经常说希望自己有很多很多钱，这句话对你来说，有什么特别的含义吗？”我试图唤醒小琪潜意识里的某种记忆。

“有谁不喜欢有很多钱吗？”小琪反问。

“嗯。那你有没有因为没有钱，有过什么不太好的体验？”我继续问。

“天啊……那简直太多了。”小琪感叹道。

小琪出生在一个父母身体都不健全的家庭，这个事实引发的继生事实，便是家里的经济条件也比较拮据。小琪回忆说，自己从小就是学校里的“特困生”，为此，她经常觉得自己低人一等，和老师及同学们的关系也很糟糕。

在小琪的记忆里，同学们经常欺负她。比方说在课桌上画线，不准她过界，如果过界了，就会推开她；再比方说，如果和同学发生了争执，老师一定叫她去办公室进行批评教育，而非争执的另一方……在小琪幼小的心里，她坚信这一切的不公正待遇，都是缘于家里的贫困。她总是幻想着“如果我有很多很多钱，他们就不敢这样对待我了”。

这个信念并没有停止于童年，而是伴随着小琪长大。比方说家庭聚会的时候，表兄妹们的日子都过得比较好，小琪就会自惭形秽，然后心想“要是我有很多钱就好了”；同事聊天的时候，小琪也经常能从对话中听出别人对自己的嫌弃，然后又想“如果我有很多钱，你们肯定不会嫌弃我”。

这个核心信念像一堵墙，将小琪隔离成幻想和现实两个部分。现实中的小琪，就是经常能从各种比较中看见对自己的不满；幻想的部分，则是总是憧憬着“有很多钱的话，就可以拯救我”。

“我的价值等于金钱的价值”

情结（complex）这个词，是心理学家荣格首先在心理学领域提出来的。它的具体含义，各个流派都有不同的解释，在荣格看来，情结是一种无意识的组合，是人关于观念、情感、意念的综合体，最终会通过人的语言、行为等方式表现出来。

毫无疑问，对于小琪来讲，“我想要很多很多钱”，就是她自己某种情结的外化。

在小琪根深蒂固的观念里，自己被同学欺负、被老师批评，甚至被亲戚嘲笑、被同事奚落，所有这一切的根源，都是因为自己家里没钱。倘若她家也能像其他家庭一样富裕，那么她应该受到更好的待遇，她的成长经历中会有更多快乐的回忆。

看到这儿，你可能会好奇，小琪家里到底有多贫困？是家徒四壁，吃了上顿没下顿的饥饿难忍？还是衣裤被缝缝补补几十回？

不。小琪的家里，虽谈不上奢靡，但也不至于家徒四壁，母亲有正常的工作，亲戚也多少有些帮扶，小琪的家庭算是正常工薪阶层，满足温饱之余，也可以偶尔提升生活品质。

实情如此，小琪为何还会体验到自家的贫穷，继而希望有很多很多钱呢？

答案在于，在小琪的潜意识里，她的自我价值在生命早期就被剥夺了，她体验不到自己的价值，她就好像一个空心人，到处在找“我到底是谁”的答案。终于，在学校教育中的遭遇，让初有自我意识的小琪好像发现了有关自己的秘密——原来，我是个穷人；原来，我不被大家喜欢，就是因为我没有钱；原来，只要有钱了，所有人就都会喜欢我了。

小琪相信，自己的价值完全等于金钱的价值。所以，为了更好地体验到自我价值，她就拼命寄希望于自己变成一个有钱人。每每在现实中遇到挫折，她就会让自己活在一个虚构的世界里，在那个世界里，她是个富婆，她可以对别人指指点点，她可以扬眉吐气，她再也不用看别人的脸色，再也不用忍着内心的委屈。

“没有钱，我也可以很好”

很显然，对于小琪而言，“有很多钱，我才有价值”是一个错误的核心信念，而造成这个核心信念的成因，不是她家庭的贫困，而是她父母亲的人格。

小琪的母亲，是一个比较挑剔、性格严厉的女性，对待小琪的方式也以指责打骂为主。在小琪的记忆里，“不知道什么时候，她就会一巴掌打到我头上”。

除了有个暴烈的母亲，小琪还有个软弱的父亲。因为身体残疾，父亲经常把自己对这个世界的不满，倾泻给小琪。小琪说：“每次听到他和我抱怨，我都想逃开。”

在这样一个三口之家，建立规则的父亲是缺位的，温柔慈爱的母亲是缺失的，本该在爱中健康成长的小琪，无奈被严厉、忽视、委屈等包裹，除了惴惴不安、迷失错乱，你还能要求一个孩子怎么办？

在后续的咨询中，我让小琪尝试了一下角色置换："假想，你的班级上除了你是一个特困生，还有另外一个特困生，她总是以微笑示人，对待人也很有礼貌，遇到不会的问题，也很谦虚地跟同学们请教，放学的时候，也会主动邀请同学们一起回家，你觉得，你会讨厌她吗？你会嫌弃她是一个特困生吗？你会因为她贫困就瞧不起她吗？"

小琪想了想，说："不会，我觉得她挺好的。"

我又问："同样都是特困生，你为什么觉得她挺好的，觉得自己很糟糕呢？"

小琪没有回答我这个问题，而是在我对面默默地流下了泪。

在那次咨询结束的时候，小琪说，她理解了，"即便我没有很多钱，我也可以是一个有价值的人"。

小琪生命的咒语，看似被打破了，但是或许她不知道，那只是她黑暗的深井中被悄悄照进的一束光，距离她内在世界的天朗气清，还有相当长的一段路。

让人值得欣慰的是，好在已经照进了一束光。

心启发

如何戒掉不好的口头禅

每个人的口头禅都不太一样，有些口头禅听上去给人不太好的感觉，比如“不如死了算了”“完了完了”“烦死了”等，给人一种消极、焦躁的感觉。

想避免被不太积极的口头禅影响，你可以尝试以下做法：

- 觉察。仔细想想，这些不太积极的口头禅到底在表达什么信息。

- 暗示。尝试去从口头禅的反面思考，比如习惯说“不如死了算了”，就多暗示自己“活着真美好呀”；习惯说“完了完了”，可以暗示自己“一切都没完，肯定有很好的解决办法”。

Five

情绪：焦虑

绿皮火车，
也能送你抵达终点

心理关键词：自我匮乏

前几天，表妹给我发来一条微信，内容大意是：感觉自己总是很焦虑、很不安，总是慌慌张张的，为此，她用了一个很形象的比喻——“感觉心总是放不进肚子里，总在半空中悬着”。

你有没有过我表妹的这种状态？就是经常被焦虑和不安包裹，你很想摆脱这种情绪，可是你发现，越是想摆脱，越是不安。

今天，我们就来聊聊这种持续不安的状态。

我的不安，“毫无缘由”

在一次咨询个案中，我的来访者在谈话的开始，就和我讲了她上周突然无故焦虑失眠的状态。那是我们的第七次咨询。

我们试图一起找出让她感到焦虑和不安的原因，但是她笃定地告诉我，她的生活、工作以及人际关系都没有出现任何问题，这种突如其来的焦虑和不安，是“没有缘由的”。

你是不是也曾像我的这个来访者一样，觉得自己的焦虑“毫无缘由”？这世上，是不会有任何一种感受和情绪会自发出来的，它一定与外界某些东西有着息息相关的链接，所以，这种所谓的“毫无来由”只是你说不清楚来由罢了。

在来访者和我阐述她焦虑失眠症状的几分钟里，她重复了3次同一个问题：“杨老师，你说，我会好起来的，是吗？”

很显然，这个问题本身，就是让她上周持续不安和焦虑的缘由。

在前6次的咨询治疗里，她的强迫性重复行为已经解决了，自我攻击也减少了，整个人的状态呈现出一种良性的向好的发展状态，可是为什么到第七次，她要反复问这个已经被事实验证的问题呢？她真正担心的，真的是自己会不会变好这个问题吗？

在后续的咨询谈话中，她找到了自己焦虑的根源——她害怕的不是自己会不会变好，而是失去和我的链接，害怕与我的分离。

分离焦虑的发生机制，是因为我们在年幼的时候，由于母亲对我们疏于照顾或者过度照顾，导致我们在潜意识会担心由于分离而导致自我的死亡。换言之，害怕分离，是因为自我能力不足，担心自己不能应付外界的变化。

我对于来访者而言，是一种象征化的依靠和力量，她害怕如果失去了这种力量，她的人格会退行，她无法自己完成成长，所以她必须抓紧我。

其实，这便是所有看似“毫无来由”的焦虑和不安的根源——担心自我的匮乏，不足以应对外界的变化，所以必须要找一股力量去支撑自己，如果找不到这股力量，一个人就会持续待在惴惴不安的状态里。

你的自我，在外界流浪

查克是一名快递公司的职员，职位是系统工程师。在一次海外快递业务中，查克所乘坐的飞机突然出现故障，飞机被迫降落在海上，机组人员全部丧生，查克乘坐的救生筏，被冲到了一个荒无人烟的小岛上。

荒无人烟，意味着没有食物、房屋等任何能维持人基本生存的物资，查克要面临饥饿、寒冷、孤独、黑暗等各种挑战。

在最开始的日子里，由于求生的本能，查克学会了钻木取火，学会了在海边捕鱼抓虾，他如愿地生存了下来。但是这种生存，也仅仅限于生存，无人交流、孤独寂寞、与世隔绝，对于查克来说，这是另外一种独立于身体的精神死亡。

查克幻想着，某一天能够有一艘大船抵达这片无人岛，将他从这无边的孤独中救走。可是，日子一天又一天过去了，一年、两年、三年……没有任何一个人影出现过。

这是汤姆·汉克斯主演的电影《劫后余生》的片段。

如果，你是这个被迫漂流到无人岛的查克，你觉得自己接下来的人生会如何度过？

在这个孤岛上寂寂终老，或者在日复一日的绝望中死掉，这是你的答案吗？

在影片中，查克自己找来树枝，利用和他一起被冲上岸的部分包裹，动手打造了一个小木筏，在他生活在这个荒岛上的第五年，他决定乘着这艘小木筏去寻找他原来的家园。

面对相同的处境，为什么人与人之间的行为和决定，会截然不同？

因为每个人审视这个世界的视角不同。

对于那些自认为会在孤岛上终老或者绝望死掉的人来说，他们的眼睛关注的是那片凶险动荡、充满神秘和杀机的大海，他们看到的是大海的宽广辽阔、不可逾越。在这样一望无垠的窥视中，他们能够体察的是羸弱瘦小的自我，是毫无胜算的自我，是不战则退的自我。

但在查克的眼中，他看到的是自己对家园和爱人的深深渴望，他关注的是为了实现这种渴望自己能够付出什么行动。在这样的视角里，查克能够看到一个强大的、勇敢的、无畏的自我。

换言之，那些终日感到不安和惶恐的人，是因为把太多的注意力投放在了外界，他们的自我在外界中流浪，所以自身无所凭借；而那些内我充足的人，他们懂得把眼睛看向内部，从内部去攫取支撑自我前行的力量。

不完美，其实没有那么糟

向内求，就真的能解决自我匮乏感的问题吗？

这是很多来访者会发出的疑问，之所以发出这样的疑问，是因为在他们屡次的自我探索中内观到自己不是一个力量强大的超人，而是一个孱弱哭泣的小孩。

这个孱弱的小孩，由于在成长环境中遭受了种种错误的对待，导致内心充满委屈、愤怒、恐惧等各种让自己感到匮乏的情绪，所以即便把焦点向内投射，很多人依然无法从自我中获取力量。

内心的小孩，真的没有力量吗？

为人父母的读者，可能会有一个很深的感触：孩子越在早期，发生的变化越快，用俗话说就是“一天一个样”；孩子们玩累了，只要睡上一觉，马上就能满血复活，这种复原力要比大人强多了。

也就是说，孩子其实充满了成长的力量。

可为什么我们在内在的小孩身上，却看不见这种成长的力量呢？

是因为你在内观的时候，看见的那个满心委屈的孩子，会让你重新体验自己曾经有的委屈、愤怒、难过、无力等情绪，这些情绪会唤醒无助的、弱小的自我感。

也就是说，你在自己内在小孩的身上，看见了很多自己的“不完美”。这个时候，如果你愿意拥抱他，那么他就如大地遇春风，蓬勃焕新；如果你选择拒绝自己的“不完美”，嫌弃那个满身是伤的孩子，他注定被你封锁在黑暗里，无法成长。

拥抱内在的那个孩子，本质上就是接纳自我的不完美，就是承认：**我现在很糟糕，我现在很笨，我现在情绪不稳定，我现在内心不够强大，我现在很在意他人的眼光，我现在很渴望别人认同……但是，没关系，即便这样，我依然愿意来爱自己。**

当你不再排斥自己的不完美，你内在的自我才会得以整合，重获新生。

在一次咨询个案中，我的一位来访者给自己打了一个比方，我觉得说得非常棒。她说，她知道自己满身伤痕、很多缺点，但是她并不害怕，因为她知道，虽然她犹如一辆绿皮火车，没有高铁、动车那么快，但终究，她也会和其他人一样，抵达要去往的终点。

如果你对自我仍然处于不接纳的状态，静下来好好感受一下这番话，也许你会从中开始看见自己的内在升腾出一股股力量。

心启发

如何告别习惯性焦虑

- 你可以深呼吸，感受当下的自己很安全。
- 你之所以焦虑，是因为你担心有一些不好的结果会发生，你试图去控制这个局面，这时，你要告诉自己，放下控制的心念，让一切自然地发生。
- 不断地觉察自己，从内在自我中找寻支撑自己的力量。

有一种爱自己，叫作“我就是不想努力”

心理关键词：自我满足

你身边有没有这样的朋友？

他们看上去非常努力、上进，满满正能量的样子，可是当你真正地走进他的生活，了解了他真正的样子，却发现，原来那些看上去很努力的样子，不过是他给自己穿的一件外衣，掩藏自己，也在迷惑自己。

抵抗焦虑的努力，往往都是无效的

朋友小A是一个水瓶座的姑娘，思维非常活跃，经常是你正在跟她谈晚饭吃什么，她下一句就可以回复你说她在外太空遨游。

与她活跃的思维相匹配的是，她看上去很努力，总是想到什么事情马上就去做了。比方说，她想到要学画画，马上就会去某宝买一整套的画具回来；她想到要学音乐，马上就又会捧一个吉他回来……这效率堪比卫星发射。

不过，小A也经常因此让人大跌眼镜。譬如还没画上两幅画，画板就堆在了杂物房；吉他还没有学会，上面就已经落满了灰……而这时，她又尖叫着说，她发现了新的爱好——现代舞！可想而知，半年过后你再见她，估计她又会说自己爱上了浮潜或者蹦极。

很显然，小A这样的努力，并不具有正面意义。一件又一件事情耗费了时间、精力、金钱不说，最重要的是，她最终还是什么都没有学会，人生依旧站在原点。

像小A这样的努力，本身并不具备任何意义，它在本质上还是为了抵抗内在自我的焦虑。因为我们每个人，在超我层面都会对自己有一些要求，比方说我们会要求自己有进步，会要求自己有成长，但是当生活陷入一成不变的方程式里的时候，我们感受不到自己的进步和成长的时候，我们就会感觉很焦虑。那怎么办呢？当然是主动给自己创造一些可以彰显我们进步和成长的机会。

于小A而言，所有的学习机会其实都是她给自己主动创造的机会，用看似在努力学习的仪式感，来缓解来自内在超我的焦虑。一旦这种仪式感停下来，来自超我的焦虑就会复发，所以小A真正在意的根本不是自己最终学会了什么，而是给自己一种一直在学习和进步的幻觉。于是，她就会停不下来地给自己找事情做，来避免体验自己内在的焦虑感。

当你决定要做一件事情的时候，你要问一下自己：究竟是真心喜欢这件事，还是仅仅为了抵抗自己潜意识里的焦虑？如果是后者，即便你有很强的行动力，也未必会带来正面的效果，因为你更在意的不是事情本身，而是自己看上去很努力的样子，所以一旦事情进展不顺，你很容易就会放弃，从而换一个更简单的方式，来维持自己看上去在努力的虚幻感。

看上去很努力，源于你内在的匮乏感

你会不会很好奇，为什么小A只能“看上去很努力”，她就不能踏踏实实真正地努力坚持好一件事吗？

小A之所以会这样，是因为她的内心其实是匮乏的，她从来没有真正被满足过。当然，这里所说的满足，是指情感上的满足。

我们每个人的一生，本质上都是在寻找认同的过程。年幼的时候，通过父母和外界对我们的认同，我们知道了自己是谁，自己是健康的、活泼的、可爱的，还是生病的、调皮的、捣蛋的。

在小A的童年密码里，她没有从父母那里获得足够多的认同，父母经常以苛刻的挑剔、批评等方式对待她。比方说：

小A考试成绩不是很理想，她的母亲可能会骂她：“你怎么长了一个猪脑子，考了这么点分数？”

小A和同学的友情出现了问题，她尝试向父母求助，父母给的反馈却是：“你怎么那么娇气，和其他小朋友都玩不到一块儿？”

小A很喜欢绘画和涂鸦，可是每当母亲见她绘画的时候，总是忍不住骂她：“成绩那么差，还有心思搞这个？”

就这样，在原生家庭中，通过与母亲的互动，小A在自我认同上形成了这样的认知：我很笨，我很差劲，朋友们不喜欢我是有道理的，我不配拥有任何爱好。

这个认知，就是我们上面说的——小A在情感上从来没有被满足过，也就是说，她从来没有体验过：我自己是很好的，母亲是爱我的，这个世界是温暖，而这，就是小A内心的匮乏感之源。

每个人都有自我实现的动力和愿望，即便小A在潜意识上认同了母亲对自己的评价，但她还是希望自己是好的，是值得的，是被爱的。

对于这样一个愿望，怎么去实现呢？

变得看上去很努力，变成了小A去实现这个“自我期待”的途径。

但问题是，没有什么事情能一蹴而就，想要实现一个目标，必然会遭遇诸多困难，而内心匮乏感十足的小A，只要一遇见困难，就会知难而退，因为她内心没有足够的力量，相信自己可以战胜这些困难。

就这样，小A陷入了“看上去很努力”的恶性循环。

做你自己的父母，学会满足你自己

那么，如小A这样，她该如何打破自己这种“看上去很努力”的恶性循环呢？

前文说过，每个人的一生，本质上是寻求认同的过程，但最终，这些寻求的结果，其实都指向自我认同。

假设，小A内心的自我认知变成：我挺好的，别人也都挺喜欢我的，这个世界其实很美好，那么她就没有必要为了证明“我很好”去做很多无谓的努力。与此同时，她一旦想要去做一件什么事，也一定不是为了证明“我很好”，而是因为“我真的喜欢”，那么她恶性循环的“看上去很努力”的链条就会不攻自破。

想要改变内在的自我认知，最重要的就是要学会做自己的父母，去满足自己曾经没有被满足的所有情感需求。

对于小A来说，她小时候所做的一切，其实都是为了获得父母的爱和认同，但遗憾的是，她并没有获得她渴望的这些。或许父母也会爱她的，但是这种爱的方式，还是让她体验到自己的匮乏感。

所幸的是，人是不断发展变化的。作为已经成年、与父母完成现实分离的小A，其实可以学着做自己的父母，从自己这里获得想要的爱和认同。

或许，你会说：很难啊，怎么样才能从自己这里获得爱和认同呢？

其实秘密就在于，你不和自己对抗，允许自己不努力，接受自己的小堕落。

试想一下，小时候的你像小A一样，很喜欢绘画，可是父母以影响学习为由，阻止了你对绘画的探索，这实际上就是强迫你去做了你不愿意成为的自己，这会造成你内在的匮乏感。

而作为成年人，你可以反着来：不用考虑那么多功利的影响，完全按照自己喜欢的方式来生活。譬如：

晚上就是想刷淘宝不想看书，那就去刷淘宝好了；

周末就是想窝在家里玩“跳一跳”，不想去社交，那就玩吧。

尝试让自己去享受这种不努力的感觉，并且在不努力的同时，告诉自己：“刷淘宝怎么了？我也还是挺好的。”

当你学会这样真正地去尊重和满足自己的需求，终有一日，你内心的匮乏感就会被自己填满，你再也不需要通过“看上去很努力”来证明“我很好”了。

人生是一场长跑，有时候，我们停下来，是为了下一程积攒更多的能量。所以，如果你像小A一样，还没有准备好力量去克服征途上的艰辛和磨难，那么，祝愿你可以享受暂时不太努力的过程。

如果有人嘲笑你不够努力，你可以翻个白眼告诉他：你不懂，我这叫作爱自己。

心启发

经常忍不住小堕落，怎么办

- 不要自责，没人能做一个发条橙，总有需要放松的时候。
- 小堕落的背后表达的可能是“我要做自己”，所以在堕落的时候，可以问问有没有其他做自己的方式。
- 小堕落如果能带给你情绪满足，那就学会欣赏它的存在、允许它的存在吧。

总是觉得别人话里有话

心理关键词：防御性倾听

生活中有一种非常常见的现象，就是总有些人能从别人的表达里，听出表达之外的意思。

别人说自己有一个很幸福的童年，他会觉得对方在嘲笑自己有一个糟糕的原生家庭；

别人说自己喜欢每天下班去做瑜伽，他会觉得对方是在指责自己不够自律；

别人说某某真是很贴心的一个人啊，他会担心对方有意暗示自己共情能力不足。

为什么有些人，总是觉得别人“话里有话”呢？

觉得别人话里有话，容易被愤怒点燃

小叶是我的一个来访者，每周固定时间会和我进行一次咨询。

在一次咨询中，小叶和我控诉了她和婆婆之间的冲突：由于夜色稍晚，又没有开灯的缘故，小叶在去厨房拿东西的过程中不小心将盐盒掉在地上并且打碎了。婆婆对此没有说什么。过了一会儿，小叶的丈夫去房间拿东西，也没有开灯，婆婆就说了自己儿子几句，类似“不开灯，又把东西弄碎了怎么办”，诸如此类的话。

婆婆的这句话触动了小叶的神经，她坚持认为婆婆这是在指桑骂槐、话里有话，看似在骂自己儿子，实际是在指责自己打碎了盐盒，于是她很愤怒。

这份愤怒一直延续到咨询中，小叶一直重复说：“她凭什么说我！我又没有犯错！我又不是故意要打碎的！她怎么可以这么对待我！”

小叶的这份愤怒对我来说并不陌生，因为在之前数次的咨询中，她都表达过类似的愤怒：对同事、对朋友、对保姆、对自己的爱人。

愤怒的背后，是恐惧。

所以当小叶在我面前怒气滔天的时候，我知道，她内心的小女孩其实正蜷缩在一角，对自己的不被接纳有着深深的害怕和恐惧。

其实，不仅仅是对自己的婆婆，小叶在数次的咨询中都表达过，总觉得别人话里有话。比方说领导给她一些工作上的建议，她觉得那是在表达对她的轻视；朋友推荐好的心理学课程给她，她觉得对方是在嘲笑自己有病。

总是觉得别人话里有话的小叶，说自己活得很累。

总能听出话里有话，是防御性倾听

在心理学上，把小叶这种总是觉得别人话里有话的现象，叫作防御性倾听。就是说，当你在接受信息的时候，你首先在内心树立一道屏障，以保护自己不受到伤害，防御他人对你的攻击。

换句话说，你在和别人沟通的过程中，更关心的不是沟通的内容本身，而是从对方的话里面主动搜寻对方有哪些地方是在攻击你，以便抵御或者还击回去。

当一场对话开启的时候，习惯防御性倾听的人，虽然嘴上没说什么，但是心理活动却是丰富的：

你说的不对，我不是这样的，我没有像你说的那样；

你不就是在通过说别人来影射我嘛，别以为我不知道；

你凭什么否定我、指责我，你以为你是谁啊！

你这句话就是为了故意伤害我挑衅我才这么说的吧！

…………

因为这样的心理活动，所以当对方话音一落，他就忙着去证明“我不是这样的”，或者忙着去攻击“你凭什么这么说我”，结果搞得对方一头雾水，我明明没有这个意思啊。

什么样的人会常常防御性倾听呢？

习惯自我攻击的人，或者说自我价值感低的人。

一个人如果从小就常常遭到指责、否定或者忽略，那么就会形成这个人关于“我是不好的”这样的核心信念。“我是不好的”，这个信念本身，就是一种对自我的攻击和否定。

当一个人坚信自己是不好的，外界只要有一丝一毫的质疑，都会唤醒他的核心信念，并且会把他的核心信念投射出去，以为全世界都在挑剔他、嫌弃他。

源于对“死亡”的本能恐惧，这个将自我攻击投射给外界的人，就会采取防御姿态来确保自己的安全，确保自己可以顺利地活下去。

防御性倾听，就是他众多防御中的一种姿态。

如何减少防御性倾听

防御性倾听不仅带给当事人很多烦恼，也会在不经意间破坏他和别人的关系，因此，如果你发现自己有防御性倾听的倾向，你需要尽量让自己在沟通的过程中减少一些防御。

▶ 首先，这个世界上没有绝对的正确或错误

当一个人在和你沟通的过程中，对你的观点表达出质疑的时候，你需要明白的是，他只是在表达他的观点，并非在对你进行全面否定。

所谓“一千个读者，就有一千个哈姆雷特”，他表达的观点不代表绝对正确，同理，你表达的观点也不代表绝对错误。这个世界上没有绝对正确或者绝对错误，但是每个人都有表达自己的权利。

▶ 其次，把自己“想太多”的部分提出来

习惯防御性倾听的人，总是在沟通过程中不自觉地就自导自演一场受迫害的苦情戏。每当你又要开始自导自演的时候，你可以尝试把自己联想出来的部分尽量以平静的方式向对方提出来。

比方说，当有领导对你说“这个事情你和小郭一起完成吧，尽快交上来”，如果你习惯性采用防御性倾听，你可能会觉得领导表达的意思是：你的工作能力不行，要有小郭帮忙才行。这就是你基于对话自动联想的部分。

针对这样的自动联想，你可以尝试说："领导，我觉得我自己一个人也可以完成，你可以让我试试吗？另外，尽早是说今天吗？"

这样的表达，会让对方做出进一步的反馈，让你更加确定对方是否真的在贬低你或者否定你。

▸ 要时常提醒自己"对方是值得信任的"

习惯自我攻击的人，本质上是不相信任何人的，所以他才会把全世界都树为自己的"假想敌"。

要改变自己防御性倾听的状态，最重要的就是要在内心学会相信别人，相信别人没有想要伤害你，相信别人对你没有那么大的偏见，相信别人也看到了你的优点。

当你在内心种下了相信的种子，世界也就会长成你相信的样子。

美剧《破产姐妹》里有这样一句台词：**"你以为天要塌下来了，很可能是因为你站歪了。"**

这个世界并非如你想象那般不怀好意，卸下防御，温热的光亮就能照在你脸上。

心启发

如何应对习惯防御性倾听的人

- 在表达自己的观点前，先表达对对方的认同，这会提高对方的心理安全线，缓解无意识的防御。
- 在提出建议的时候，尽量描述客观存在，减少评价判断。
- 多在对方面前展示自己的不足。展示不足，是一个人自我接纳程度高的表现，这会在无意识层面影响对方，帮助对方更好地接纳自我，减少防御性倾听。

“现金矮子”的背后，是对自己的不确信

心理关键词：金钱焦虑

“网站上刷一个3000块钱的手机不心疼，用100块现金吃顿火锅却心疼得眼泪都要掉下来。”

“线上买买买无感，随便花，线下超市里看着4块钱的椰汁都要考虑一下。”

“掏现金买瓶5块钱的啤酒，都要寻思好半天。”

…………

对于上述描述，你有没有同感？如果答案是肯定的，那么恭喜你，你的自我简介中又多了一个生动的标签：现金矮子。现金矮子是用来形容对数字支付无感而特别敢花，却在现金消费时心疼万分的人。

当然，也有网友戏谑地说：“不仅是现金，线上支付我也是矮子。”为什么在金钱面前会有人觉得自己总是个矮子呢？也许是因为你和金钱的关系，在潜意识上不是那么友好。

钱是糟糕的

“挣来的钱，总是轻易就被我花掉”

朋友H是一位40多岁的男性，如今也算是事业小有成就，但是他却发现自己经常为金钱感到焦虑。有钱，让他莫名焦虑；没钱，让他现实焦虑。

其实，H不是没赚到过钱，他与人合作开医院，后来又开了连锁美容机构，这些项目，他都赚到了很多钱，但是H有一个毛病：赚来的钱，不能长久停在账户上，他必须把这些钱花掉，才会感到安心。

年过40岁的H不明白自己为什么经过这些年的辛苦和勤奋，却总在财富值上保持原来的水平，为了一探究竟，他找了个心理咨询师。

咨询师问：“你们家曾经因为钱而有过什么不愉快的体验吗？”

这一问，突然让H恍然大悟，他似乎明白了什么。

原来，H的祖上本是富庶之家，传说当年老家里最热闹的一整条商业街都是他们家的。不过，后来因为时代发展因素，H的爷爷差点因为自家的富庶而遭枪毙，而H的爸爸也因为自家出身问题，不能够正常上学，并因此很绝望。

在H的记忆里，爸爸从小就教育自己，不要考虑赚什么大钱，安安分分、平平安安地过好一辈子就行了。在父亲的教导下，H在潜意识层面认同了父亲对钱的态度：钱是危险的，是会给人来带厄运的，所以不要有那么多钱。

因为在潜意识层面，H和金钱构建了这样相互排斥的关系，所以每当有钱来找他的时候，他都会极尽全力把它们推开，因为只有这样，H才会在深层的潜意识层面，觉得自己是安全的。

然而，现实总是残酷的，作为上有老下有小的中年男士，H要考虑怎么样让儿子读上私立小学，又要想着如何帮助父母过上更幸福体面的晚年，而这一切，都是需要钱来支撑的，所以，当潜意识迎来安全感的时候，H的现实焦虑又来了。

现实生活中，很多人有类似H这样的感受。比方说觉得钱是不好的、是肮脏的，有钱人都是没什么善心的，等等，倘若你这样看待钱，那么你可能就会经常感慨："钱呢？钱呢？我的钱去哪儿了？"

大概是因为钱意识到你不是很欢迎它，所以它就离开你了吧。

配得感偏低

"请别人可以吃580元一位的自助餐，自己只舍得吃15块的快餐"

W是个30岁出头的姑娘，在朋友眼里，是那种特别大气、不喜欢斤斤计较的女生。之所以让朋友们产生如此好的印象，倒不是W做了什么印象管理之类的交往策略，而是她确实在人际交往上，是一个出手特别大方的姑娘。比方说：

和朋友们出去吃饭，她经常抢着买单；

出了什么网红奶茶，她也会买上几杯，分享给同一间办公室的朋友们；

对家人更是毫不吝啬，带着妈妈去高级商场买外套，带小侄女去上海迪士尼；

…………

看这描述，你一定以为W是个收入不菲的高管或者创业者，其实不然，她只是一个很普通的白领，在北京这样的一线城市，每个月到手的工资1万块出头，交完房租、网费，除掉吃饭、交通费，几乎所剩无几了。

让你惊讶的可能还不止于此。W虽然对别人出手很阔绰，但是对自己却特别吝啬。她和我说：“有一次我在路边买橘子，卖橘子的人说10块钱1斤，我都觉得特别贵！每次买完一件衣服，也都会谴责自己又乱花钱了；请朋友可以吃580元一位的自助餐，平时自己只舍得吃15块的快餐……”

W说，虽然已经工作六七年了，工资虽然不算高，但也不低，她现在非但一分钱的存款都没有，还欠了信用卡将近两万块钱。她说自己很厌恶这种状况，特别渴望改变。

W是典型的配得感很低的人。

所谓配得感，是心理学上的一个名词，它的意思是，觉得自己是否值得拥有。配得感偏低的人，通常是在原生家庭的抚养当中，或者某些突发性创伤事件中，习得了“我不配拥有好的”这样的核心信念。

在W的记忆里，她小时候经常因为向母亲要点什么而惨遭一顿大骂。比如新书包、新铅笔盒、新衣服、小朋友们的零食……渐渐地，W在潜意识上认为，自己很差劲，不配拥有好的东西。

因为觉得自己不配，长大后的W从来不敢追求自己想要的东西，包括好衣服、好环境、好的男朋友……但与此同时，她又深深渴望得到别人的认可，所以在人际关系上，她通过对别人很大方，来满足自己“我很好”这种渴望，哪怕明知自己没有那么强的支付能力，只要能让自己体会到价值感，她也在所不惜。

内在匮乏

“高档餐厅真的很糟糕，还是吃大排档最舒服”

Y先生目前是一家科技公司的大股东，据说上一年公司净利润赚到了3000万。与此同时，他还经营一家化妆品公司，即便在市场不好的情况下，每年五六百万的净利润也是不愁的。

不论以什么样的标准来考量，Y先生肯定算是“有钱人一族”，但让人不理解的是，“有钱人Y先生”常常觉得自己没钱，而且在诸多事情上也确实表现得跟个穷人差不多。

比方说对待员工的福利上，他会把钱计算到迟到一分钟该扣多少钱；

即便重要客户来了，也就是请人家去普通的川菜馆吃一顿，人均预算要严格控制在60块钱以内；

为了省钱，常年把车停在办公楼内，下班坚持走路40分钟回家，这样就不用两边都缴纳停车费；

…………

Y先生不无感慨地说，虽说自己在外人眼里是个有钱人，但他还总是觉得自己很穷，总担心天有不测风云，有钱也不敢花。

Y先生的这种持续存在的“穷人感”，实际上是源于内在自我的匮乏感。通常来讲，一个孩子在早年的成长经历中，如果没有被持续满足，而是常常处于一种匮乏的状态，就会促使他形成这种内在的匮乏感，他会不相信自己有足够的能力去获取自己想要的，即便获取到了，也不相信这是真实的。

Y先生从小生活在一个贫困县，家里一家五口，年收入只有父母种地的那几千块钱。这几千块钱不仅要养活五口人，还要供三个孩子读书。对此，母亲总是发脾气，觉得如果孩子没那么多，家里的条件也不会那么艰苦，经常恐吓他们，如果不听话就不让他们继续读书了。

这种持续性的恐惧和匮乏，成为Y先生人格中的显著特点，体现在他的人际关系上，也体现在他和金钱的关系上，所以他总是呈现出一种担心又不满足的状态，以至于年收入虽然过千万，但是至今都没去过一次五星级酒店用餐。

前段时间，热播剧《猎场》中有一个桥段，在面试中，面试官问该剧主人公郑秋冬这样一个问题："你如何看待金钱？"

他是这样回答的："我觉得，**金钱是一个中性的存在，它没有好坏，决定它好坏的，是使用它的人**。"

人世间的任何一种关系，其实本质上都是一个人和内在自我的关系，倘若你始终在金钱面前是一个"矮子"的话，那么，或许可以肯定地说，其实你对内在自我是不够确信的。

如何才能告别金钱矮子的局面？当然是相信自己，深深地相信：老子肯定能成为一个有钱人。

能不能成？这个没人能保证。但是我至少知道，如果你连说这话的底气都没有，那肯定不成。

心启发

如何在潜意识层面和金钱建立友好关系

- 对自己充满信心，觉得自己足够好，配得上最好的东西。
- 对钱关心，从内心真正在乎它的存在。
- 爱钱的同时，不要试图通过钱来弥补内心匮乏的黑洞，成为金钱的奴隶不是明智的活法。

Six

情绪：抑郁

你为什么难以快乐

心理关键词：自我压抑

有读者在后台给我留言，说自己无论做什么，都很难感受到快乐，她问我是原生家庭出了什么问题，还是自己出了问题。

因为是隔着电脑屏幕进行对话，我很难对这位读者进行评估，告诉她是不是原生家庭出了问题。但是，对于为什么难以快乐这件事，我们倒是可以探讨一下。

被压抑的愤怒，是不快乐的源泉

丧失快乐感，在心理学诊断上，很多时候会被诊断为“抑郁情绪”（抑郁情绪和抑郁症属于两种不同的病症，二者在表现、程度、治疗方案等方面均有所不同）。它大体的表现是：

▷ 做什么事情都没有动力；

▷ 很难感受到快乐；

▷ 偶尔因为个别事件会感受到短暂的快乐，但是很快又恢复不快乐的心境状态；

等等。

根据弗洛伊德的精神分析理论，人们不快乐（产生抑郁情绪）的根源在于愤怒。

我们当然不会无缘无故产生某种情绪，一个人之所以会愤怒，肯定是别人惹到他了。譬如：

小时候，母亲总是偏向喜欢弟弟或者妹妹，忽略你，你本能地对母亲感到愤怒；

明明是隔壁老王的责任，老板偏偏让你背锅，碍于老王背后有关系，你只能忍着不发，心底里对老板感到愤怒；

你的先生或者太太总是无缘无故指责你，为了不影响孩子，你总是默默无语，但是对另一半的愤怒之火早就有了燎原之势；

…………

从上述举例中，我们很容易知道，愤怒是我们在和他人建立关系中产生的一种消极情绪。

现在，请你想象一下：

老板一大早因为别人的错误把你痛骂了一顿，甚至上升到恶语相加的地步，譬如说你“这么蠢，就不要来上班啦”，等等。

面对他的这种攻击性行为，你有两种应对方式：

其一，你怒怼回去，告诉他是他搞错了，责任根本不在你；

其二，你默默无语，承受他这种攻击。

请问，哪种感觉会更爽？

怒怼回去更爽，对不对？憋着只会把自己憋成内伤。

所以啊，如果愤怒这种消极情绪能够及时释放，它就不会产生什么垃圾，我们生命的能量也不会受到损害。

但很多时候，我们没有办法把这种愤怒及时地发泄出来。如上述种种，我们总不能对自己的母亲大喊大叫吧？我们貌似也不敢担着丢工作的风险和老板大吵一架。

就这样，我们把对外的愤怒压抑了下来。

愤怒的变种：自责

压抑的愤怒去哪儿了？它会凭空消失吗？

当然不会。我们产生的任何一种情绪，都是我们生命能量的一部分，凡是被压抑的，都会以其他方式呈现出来。

本来指向外部的愤怒，被压抑之后，就转向了内部，也就是我们自己。

得不到母亲的爱，我们会责怪自己怎么那么不可爱？

不敢怒怼老板，我们会责备自己怎么这么懦弱无能？

不敢和伴侣大吵，我们会说自己怎么眼瞎找了这样一个人？

愤怒留在我们体内，转变成另外一种形式的存在：自责。

当自责的情境常常发生的时候，实际上我们会在潜意识里认同自己的这种行为，即通过潜意识认同自己不够好、不值得被爱、懦弱无能等负面体验。当这些负面体验驻扎在我们的潜意识里的时候，实际上会促使我们形成自我挫败、自我怀疑、自我否定等自动化思维。

譬如，同样是面对周一早上的大塞车，情绪状态比较健康的人可能会想：要是早点出来就好了；或者：既然塞车，那我正好可以想想早会的报告说些什么；等等。而偏抑郁情绪的人，可能会给出这样的反应：我怎么总是那么倒霉，一出门就塞车？或者：我怎么这么蠢啊，怎么没想到要搭地铁呢？

看到二者之间的区别了吗？情绪状态健康的人，会从正面角度赋予遭遇不顺的意义（正好利用时间想想其他问题），而抑郁情绪的人，则会由触发情境指向内部，从而全部否定自己（我怎么这么蠢），这就是自动化思维在捣鬼。

自动化思维实际上就是不假思索地呈现，它类似我们体内的一个按钮，每当有什么不太顺利的事情发生的时候，这个按钮就会被按下，然后我们的头脑就会被一大波的消极认知所控制。类似一个人指着你的鼻子对你说：

“你不行！”

“你不够好！”

“你无法成功！”

“你缺乏信心！”

想想看，这样的你，会快乐吗？

通过以上分析，我们大致能够了解不快乐的链条究竟是怎么工作的了。

如何修复你的快乐力

长期被抑郁情绪控制，就好像一个人周身被藤条捆绑，很难再有鲜活的生命力。所以，摆脱抑郁情绪，修复快乐力，对于每一个状态不佳的人来说，都是一件迫在眉睫的事。

想要修复快乐，重要的是打破上面的不快乐链条。你可以尝试从以下两个方面努力：

▶ 尝试表达愤怒背后的真正需求

表达自己的愤怒，貌似是一种本能，但是我们为什么要自找苦吃，压抑自己的愤怒呢？

想想上面设置的情境，母亲的偏爱、老板的错误指责、伴侣的埋怨……我们都无法发泄自己的愤怒，本质上是因为我们不想破坏某种关系。我们希望用自己压抑的愤怒，来维持与母亲的亲近、老板的交好、孩子的安全感等。

然而，事与愿违。当我们压抑自己的愤怒，就意味着我们不让自己的真情实感流动，意味着我们生命的能量被囚禁，自然也就无法与他人发生深层次的链接。你想想，你和哪个人的关系，是因为你长期压抑自己的愤怒而换来亲密了呢？没有，对不对？

压抑愤怒，只会带来表面上的假和谐，不会带来能量自由流动的真亲密。

所以，不要害怕对某种关系失控，尝试把你的愤怒表达出来。

OK，下面到了画重点的时候了：

表达愤怒，是说我们对着别人发泄自己的不满吗？指着别人的鼻子大喊大叫？这当然是发泄愤怒的一种方式，但却是一种带有破坏力的发泄方式。**最有效的表达愤怒的方式，是你体会到愤怒背后的真正需求，然后去表达你的需求。**

譬如，面对伴侣的无故指责，你真正的需求当然不是怒怼对方“你凭什么指责我”，而是你因为他的指责而感受到自己不被理解、不被体谅，很孤独，并且难以和对方亲密，等等。所以，正确表达你的愤怒，是和他说出你的这些需求，你可以告诉他，他这样的说话方式，让你感觉很不舒服，感受很不好，等等。

当你能够平心静气地说出自己真正需求的时候，对方也会放下情绪，和你共同面对真正的问题。而你的愤怒，也不会被压抑。

▸ 尝试去改变你对自己的消极认知

有很多被压抑的愤怒，可能是在我们很小的时候就形成了，譬如上文说的面对母亲的偏爱，我们无力反抗。

经年累月被压抑的愤怒，早就被我们内化为对自己的否定，对自己的消极认知，因此，我们对自己的不快乐，似乎有点力不从心。

如果你处于这种情况之中，不妨努力从改变自己的消极认知着手。

心理学有一种疗法，叫作“认知行为疗法”，它的核心要义，就是通过重建认知，从而带动行为上的改变，最终实现心理治愈。

身处抑郁情绪的人，核心信念就是觉得“自己很差劲”“自己一无是处”，即对自己的负面认知。

譬如，当面对公司安排一件看似很有挑战性的任务的时候，比如让你接待外宾，你对自己的负面认知就会被激活，你会想：“我能力这么差，英文又不好，怎么可能接待外宾呢？”所以你的行为方式在这种信心下，就会做出放弃这份任务的决定。

但是如果你能改变自己的消极认知，譬如，当你接到任务的时候，你在内心告诉自己：“我很棒啊，对于这个任务，我一定能够胜任并做得很好。”当你能这么想的时候，你就能够从中找到力量，并且找到相应的解决方式：英文不好，找一个英文好的人做助理不就行了吗……就这样，你的行为基于你的认知发生了改变。

当每次遇到挑战或者挫折的时候，你都能够有意识地进行这种改变认知的训练，慢慢地，你的核心信念就会发生变化，从自我否定变成自我肯定，从一个“便利贴女孩”变成一个金光闪闪的自信女孩。

王小波有句名言：**“别怕美好的东西消失，咱们先让它存在。”**

所以啊，来吧，先让自己快乐起来。

心启发

如何告别抑郁情绪，让自己快乐起来

- 不要压抑内心的愤怒，把愤怒背后的需求说出来。
- 重新认识自己，你可能远比你理解的自己更美好。
- 主动与这个世界链接，开放自己更多元的接口。

对于过去，你有权利不和解

心理关键词：接纳停滞

前两天，有读者在后台留言中问我："对于过去，对于父母糟糕的对待，对于自己所经历的糟糕事情，我就是接纳不了！怎么办？"

这位读者的留言，让我想起了某个周末的午后，看完电影《海边的曼彻斯特》，我呆坐在沙发上的场景，以及当时所持有的一种深深的无力感。

《海边的曼彻斯特》讲述了男主角Lee因为自己的失误而让3个孩子丧生火海，在那之后，他的人生发生了彻底的转变。他由原来的激情活跃变成了抑郁沉闷，过着自我惩罚的行尸走肉的生活。面对Lee或有过此种遭遇的人，如果你对他说"与过去和解吧"，似乎显得轻飘飘且相当残酷。

思考至此，我很认真地回复了那位读者："那就不去接纳，不去和解，让过去过不去，这也是你的权利。"

过去，隐藏着什么秘密

也许，每一个人都有不想回望的过去，就好像张爱玲在晚年不愿意提起胡兰成。

我们也都一样。

或许，有人的过去书写着一段伤心失败的婚姻、一个糟糕透顶的父亲、一个支离破碎的家庭、一场惨不忍睹的灾难……

心理学上把这些不忍回望的过去统称为“创伤”。

我们可以把创伤分为两类：

第一类是突发性的创伤。譬如文章开头提到的那部电影里的男主角，因为一场火灾丧失挚爱；又比如地震，导致一些人一夜之间痛失亲人。这些由突发性的事件导致人们体验到失去、失控的痛楚感，它带给人们的影响是易察觉的、明显的、激烈的。

第二类是原生性的创伤。它大多指人们在原生家庭中遭遇到一些问题。譬如被父母嫌弃或者忽视、看到自己父母某一方被暴力对待、家庭离异等，原生性的创伤带给人们的影响是缓慢的、不易察觉的，也是更深远的。

那这些过去，或者说创伤，到底隐藏着什么，以至于人们不愿意回望？

让我们穿越回你的童年，假想一下，你生活在一个不那么有爱的家庭里。

那是你三四岁的时候，一个落日余晖散漫的傍晚，你素来脾气暴躁的父亲因为你的妈妈下班迟迟未归而大发雷霆，在家里破口大骂。好不容易你妈妈终于满脸疲倦地回到了家，这个时候，你那已经被愤怒之火控制的父亲，二话不说，伸手过去，就是对你母亲几个掌掴，母亲手里的水果还来不及放好，就散落满地……而这一切，都被你这个三四岁的小朋友目睹了。

想想看，彼时彼刻的你，会是什么样的感受？

害怕、恐惧、愤怒、无力……对不对？

你觉得你的世界乌云密布、风雨飘摇，你想去抵抗或者逃跑，但是你根本就办不到，很绝望，是不是？

你只能躲在家里的某个角落里，无助地哇哇大哭。

后来，你长大了，你以为过去的一切，都随着时间烟消云散了。但是你不知道的是，那个三四岁的你，通过记忆、潜意识等各种途径，成为一部分现在的你。

所以，当有类似的场景出现的时候，那个小时候的记忆就会无意识地把闸门打开，或许你还来不及思考，就本能地体验到儿时的那种无助的情绪，那个躲在角落里哇哇大哭的孩子，就会被唤醒。这就是我们常说的“创伤体验”。

所以，**那些不愿提起的过去，隐藏的绝不仅仅是一段故事，或者一个事件，它更是隐藏了我们的一部分自我——那个内心不安、充满恐惧、无效抵抗、改变不了、痛彻心扉的自我。**

每当我们回望过去，我们就要去面对那样一个自我，去体验安全感彻底被碾碎的情境。

这不单单是你，而是每一个人，都不愿意去做的事情。

为何不让过去真的过去

既然过去让我们如此痛苦，那又是为何我们不能洒脱地让过去真的过去呢？

人类的行为动机其实很简单，我们无论做什么，一定是因为我们从中能够获得某些好处。同样，我们之所以不让过去真正过去，是因为我们能从中获得好处。

记得大概在我小学二年级的时候，我的姥爷因为误食某种药物，抢救无效去世了。

很小的时候，我家和姥姥姥爷家是挨着的，我没事的时候就会跑过去，因为姥姥姥爷总是会做很多好吃的给我吃，如果父母因为我的某些错误要骂我，姥爷也总是站出来呵斥他们，保护我。

所以，在内心深处，我和姥爷的链接很深，他给了我很多关注和爱，我也因为他的存在，感受到很强烈的安全感。

但是当我某一天放学，看见姥姥家里聚满了人，然后有人走过来告诉我，我的姥爷因为某种原因抢救无效去世了。对于这个突如其来的噩耗，我来不及做任何反应，直接举起双拳去挥打那个告诉我这个消息的大人，然后大哭着喊道："你骗人，你骗人，姥爷没死！"

实际上，这是我们大多数人面对创伤事件的第一反应：否认。心理学上把这种反应称为防御机制。

我们之所以否认，是因为我们无法承认。

于我而言，承认姥爷的离世，意味着作为"被疼爱的外孙女"这部分的自我就要丧失掉，也意味着我从姥爷那里获取的安全感，也会随之消失。而这，意味着那时候的我即将瓦解。

所以在之后的很长一段时间里，我很少跑去姥姥家，也不愿意面对姥爷离世这个事实，对过去的不接纳，让我不用去体验自己被碾碎的感觉，所以我就一直停留在那种状态里。

而大多数人对过去选择否认、压抑或者不接纳，是因为都和年幼的我一样，体验到了它带给我们的第一重好处：无须体验破碎的自己。

然而，我们必须承认的是，不幸的原生家庭或者创伤性的事件，确实会带给我们一些不好的影响，譬如情绪不够稳定、自我认同度不高、专注力不强等，而这些不良影响，或多或少地影响着我们在现实世界的发挥，或者不那么容易受人欢迎，或者不那么容易获得成功。

而当我们选择不接纳过去，意味着我们可以把现实中发生的一切都进行外归因：

我总是疑神疑鬼？那是我妈对我不好，让我缺乏安全感。

我总是脾气暴躁？那是小时候没被及时满足，不能怪我。

我总是不信任人？那是小时候被我爸忽视了，是他的错。

…………

也就是说，我现在所有的不好，都是别人的错、外界的错，跟我没有任何关系，我不需要负责任，我也不需要觉得自责或者愧疚。

既然都是别人错，也意味着我根本不需要改变，不需要成长。

这就是我们从不接纳过去里获得的第二重好处：将糟糕的自己外归因，心安理得地停留在内在孩童时的自己，不用面对做出改变要经历的艰难和痛苦。

接纳停滞，也是一种爱自己

"不接纳过去"带给我们这么多的好处，按理来说，我们应该很幸福才对，但是为什么，像给我留言的读者那样，不但没有体验到幸福，反而觉得很痛苦呢？

因为，不接纳过去，从本质上来说，就是不用面对成长，然而，人又有向好的本能，发自内心地渴望成长。

正是这种冲突，让我们觉得痛苦。

如果你也正处于这种痛苦的状态，那么不妨跟我在心里默念这4个字：停止对抗。

所谓停止对抗，就是我们能够安住当下，全然去拥抱此时此刻的你，不再用渴望成长的你，对抗现实中此刻无法成长的你。

说回我姥爷去世的故事。

那时候的我，面对那样一个创伤性事件，本能地选择逃跑和回避，并且在大概半年的时间里，拒绝接纳已经发生的事实。这就是彼时彼刻的我，一个受伤了的、惊恐万分的我。

如果当时有人，譬如说我的父母，强行让我去面对姥爷离世的事实，强迫我必须经常过去陪伴姥姥，那么就会产生另外一个“理想化”的我。

而这两个自我，必然发生对抗。

或许，在父母的威逼利诱下，我很快就能够自如地出入姥姥家，但是因为突发事件而产生的恐惧、担心、害怕、悲恸，并不是真的不治而愈了，而是会被那个真实的自我压抑掉，留在心里，从而形成更为巨大的裂缝。

我的意思是，面对糟糕的过去，我们总是需要一些时间去处理由它带来的负面影响。就好像我们哪怕崴个脚，都需要卧床休息些时日方才能继续活蹦乱跳，又何况心灵受到了重击呢？

所以，请停止对抗。去善待正在“养伤”的你。伤疤不是一日就能愈合，过去也不是一蹴就能被接纳，不要强迫自己马上就要好起来。

如果，不接纳过去，让你好受些，那就不去接纳吧！

选择用最舒服的方式，对待休养生息的自己，终究有一日，你会康复。

当你能够这么做了，相信我，你已经掌握了爱自己的真谛。

万物均有裂痕，但是又有什么关系呢？
那是光照进来的地方。

心启发

过去的事情总是过不去，该怎么办

- 不要逃避过去，而是直面它，承认它。
- 尽量避免让自己沉浸在某种情绪里，看看过去真实发生了什么，试图去理解事情背后的原因。
- 人是流动变化的，过去虽然带给你伤害，但它不足以决定你拥有什么样的人生，真正拥有决定权的是你自己。

你受过的伤，
都是你人生的勋章

心理关键词：创伤疗愈

“我清晰地记得，一直到我大学毕业，我都没有和朋友们提起过，关于我父母离异的事。我一直佯装自己是在幸福环境中长大的孩子，装了23年。”

“那你为什么要隐瞒爸爸妈妈离婚的事实呢？”

“我怕别人看不起我、不喜欢我、孤立我、讨厌我。”

“你觉得爸爸妈妈离婚，是一件很羞耻的事情？”

“嗯……也许是吧。”

这段对话发生在前几天，李小贝和我之间。

如果用精神分析动力学来解释她的行为，当然不只是父母离婚这件事情让她觉得耻辱，而是她多年来风雨飘摇的成长环境，带给了她极度的不安全感、低价值感，是这些感觉构成了她对世界的认知，这些认知又转化为她的心智模式，像一只看不见的手，在操控着她的人生。

当然，今天想探讨的不是这个单一案例，而是这个案例引发的某种现象，即：越来越多的人开始意识到，现在的我们自身存在或大或小的问题，是因为在早期的成长过程中受到了不好的对待，我们把这些不好的对待统称“创伤”。面对这些创伤，我们会难过、会委屈，甚至会愤恨，会想“为什么是我？凭什么是我？”……对于这些如山洪暴发般的情绪，有些人会很痛快地释放出来，而也有很多人，他们把创伤视为羞辱柱上的印记，仿佛承认了创伤，就承认了“自己有问题”，甚至承认了“自己是个精神病”，所以，他们把创伤小心翼翼地藏起来，就好像小朋友把最爱的玩具藏起来一样，从不和人去分享。毕竟，没有人愿意主动面对糟糕的自己。

李小贝就是这样，她把父母离婚的事实隐瞒起来，实际上是她把自己的创伤以及创伤带来的深深恐惧都藏了起来。她用一个自己精心维护的看似完美的“假面具”示人，以为这样就没有人会知道她的伤疤，也就没有人会看到她的不堪。

但是这样真的能解决问题吗？她真的会因此再也不恐惧、不惊慌，不再小心翼翼了？

当然不是。

李小贝是这样描述自己23年来的感受的：“我感觉自己特别分裂，一方面，极其努力地去证明自己很好、很棒，而另一方面，这种骄傲却随时因为别人一个无意的拒绝或者否定就彻底坍塌，我感觉自己每天都在天堂和地狱之间来回游走，特别特别累，特别特别崩溃。”

所有伪装起来的东西，都注定不堪一击。

然而，这样的例子，在现实生活中并不少见：

明明很讨厌自己的父母，却还猛烈地在朋友圈晒孝顺；

明明不想去参加毫无营养的社交活动，却偏偏说不出一个“不”字；

明明生活得兵荒马乱，却拼命努力展现岁月静好；

…………

你拼命地躲，拼命地藏，以为只要伤口不裸露出来，就没有人会知道你受伤。

但是，亲爱的，你可能真的误解了“创伤”。

有研究表明：世界上那些最杰出的作家、音乐家、艺术家和领导者当中有相当多的人，在9～15岁之间曾有过父母一方早逝或遭到父母一方抛弃的经历，其中包括华盛顿、杰斐逊、汉密尔顿、林肯、甘地和斯大林等伟人。

我当然不是说离婚对孩子好，鼓励大家都去离婚，而是想说，正是创伤让我们与众不同，它让我们更敏感、更敏锐、更富有想象力，也更具有同理心，它不是耻辱，更可能是奖章。

在18世纪，有这样一个小男孩，他住在加勒比海的圣克鲁瓦岛上。他的父亲在他10岁的时候抛弃了他，他的母亲在他12岁时死在他身边的床上。他被一个表亲收养，而这个表亲不久后就自杀了。他剩余的亲人就只有一个姨妈、一个叔叔和一个奶奶。不幸的是，他们都在几年间相继离世。最后，遗嘱认证法院没收了他从母亲那里继承的少得可怜的遗产。就这样，他和他的兄弟沦为一贫如洗、无依无靠的孤儿。这个悲惨的小男孩就是亚历山大·汉密尔顿。

按照很多人认为的“创伤决定论”，这个小男孩最好的选择应该就是直接进福利院了。但是当事人却丝毫不认为所谓的创伤对他有什么危害性的影响，相反，却激发了他的斗志，他相信努力就可以创造奇迹。

事实证明，他是对的。

17岁时，他已经在哈密尔顿经营着一家贸易公司；24岁时，他成了乔治华盛顿的参谋长和战争英雄；34岁时，他创作的51篇论文被收进《联邦党人文集》，同时他也是纽约最有名的律师；40岁时，他辞去了美国财政部部长的职位，但他一直是被公认的美国历史上最成功的财政部部长。

所以，**决定我们好坏、掌控我们人生的，不是创伤本身，而是我们如何看待创伤。**

当我们把它看作耻辱的、有害的，那它自然会在我们的人生里持续地散发恶臭；但如果我们把它看作激励的、警醒的，我们也会从中找到战斗的力量。

所以啊，当我们再面对创伤的时候，不妨这样处理它：

首先，承认它的存在，不要把它挤压在那个潜意识的黑箱子里，你越是挤压它，它反抗的力量就越大。要正视它，把它放在阳光下，它黑暗的力量才会慢慢被消除，不会继续在我们的人生里兴风作浪。所以，不如找个知心的朋友，讲讲自己曾经受到的不公正待遇，有委屈就哭，有恨就说，把你压抑在内心的不良情绪清空。

其次，当你在回忆自己糟糕的经历的时候，哪怕羞耻难耐，哪怕人神共愤，你都要清楚地意识到，这一切都不是你的错，你只是被误伤的。你之所以如此有勇气阐述自己的不堪，也恰恰是在努力避免这种不堪再次发生，所以不要责怪自己，也没有人会责怪一个被误伤了的、身不由己的小孩曾经的荒唐。

最后，也是最重要的，幻想一下你看着自己因为创伤所导致的赤裸裸的伤疤，问一下自己，难道因为这个伤疤，你就要放弃自己最爱的人？你要放弃自己能胜任的工作？你会因为一个伤疤否定全部的自己？

我相信，你一定不会。

那就带着伤疤，鼓起勇气，去追求让自己心生欢喜的人，去竞争自己完全匹配的职位，去欣赏不完美但同样很美好的自己。

我知道，这样很难。总是会有不如意发生，总是会有事情提醒我们自身存在糟糕的一面。但是不要紧，每当有创伤体验来袭的时候，你就重复上面的第三步：问问自己，要不要因为一个伤疤否定全部的自己。当你提问的时候，你一定会找到力量。

就这样，不断地、慢慢地、反复地练习，当这样的反应过程成为你大脑里的固定模式的时候，你就完成了对创伤的逆袭，它再也没有力量去挑逗你的悲伤、恐惧、愤怒。相反，面对它，你可能会更加平静和充满力量。

愿我们都有力量重新起程。

心启发

如何摆脱创伤烙印对自己的影响

- 把创伤时常拿出来晒一晒，有效帮助你的潜意识能够意识化。
- 接纳创伤带给你的一切，承认“我就是很敏感”“我就是缺乏安全感”，这没什么可怕的。
- 给自己制定一些可完成的小目标，一步一步去完成，这可以帮你重新建立自我。

你看起来是在沟通，其实不过是自言自语

心理关键词：心智封闭

相信大家在生活中，总是能够遇见把天聊死的人。

和这些人沟通，你总是感觉很别扭，很劳累，有时甚至感觉像受到了一万点暴击，特别受伤……

他们貌似在和你沟通，但你觉得他们完全是在自说自话，从来听不见你在说什么，从而让你完全失去了和他沟通的兴趣。

这样的人，他们习惯性封闭自己的心智，做一个心智上的聋子。

心智封闭的人，以自我感受为中心

小月是我的一个朋友，她特别喜欢和我吐槽她老公的种种不是，她吐槽最多的就是——和他真的没法沟通。

比方说：

夫妻两人出去吃饭，每次小月建议去吃什么，总是会被她老公以各种理由批驳否定，最后都只能去她老公选定的餐厅；

小月看八卦新闻，感叹某某女明星真幸福啊，她老公就会说

“你就是拜金，看见人家有钱就觉得人家幸福”；

小月看电视剧，被里面的情节感动得落泪，她老公说“我为你付出那么多怎么不见你哭，你们文艺女青年总是活在幻想里”；

…………

每当遇见这样的情况，小月总是试图和她老公解释，比方说她为什么喜欢光顾某一家餐厅、她觉得某明星幸福不是因为她有钱、她为某个剧情感动也不是活在幻想里等。

面对这样的解释，她老公表现出来的态度和方式永远是油盐不进——“你说啥都没用，反正我就是这么认为的。”

很显然，在小月和她老公的关系里，她老公处于“心智封闭”的状态，这也是小月觉得彼此很难沟通的真正原因。

心智理论，是由英国精神分析学家皮特·福纳吉和他的工作小组提出来的，心智是一种情感智力，它指一个人认知自我和他人心理及情感状态的能力。

基于这样的概念，我们很容易理解“心智封闭”——它是心智化水平偏低的一种表现，在人际交往中，个体习惯性以自我感受为中心，不能够很好地体察和感受他人的情绪和情感。

处于心智封闭状态的人，通常有一些典型的行为表现：

对待人或事会很固执，很难听取他人意见；

坚信自己是正确的，其他人都是错误的；

喜欢在沟通中攻击对方。比如否定对方、给对方贴标签等；

缺乏同理心，自己不愿意或者没有能力去体会和理解他人的心情；

…………

封闭心智的人最擅长的事，大概就是总能把天聊死。

心智封闭是如何炼成的

事实上，像小月老公这样的人并不少见。不仅是亲密关系中，生活上、职场上，也总是能够见到把自己心智封闭起来的人。

比如说我有一个朋友，和她聊天的感觉就是“想死的心都有了”，她常用的口头禅是：“你这说得不对”“我在江湖上混这么多年了，这些事我还不知道吗”“你们真是太幼稚了”“你知不知道，你这样想会吃亏的”……总而言之，她所有的表达都在围绕着一个中心意思：我是对的，你是错的。

这本质上是一种潜意识层面的攻击，用“你错了”来维护自我的正确性，同时表达对你的不满。

对他人和外界不满——这是封闭心智的人们共有的一种心理状态。

也许你会好奇：他们到底经历什么？为什么会对这个世界积蓄如此多的不满呢？

福纳吉的心智化理论，实际上是基于依恋关系理论发展起来的。福纳吉认为，一个人的心智化水平，既来自自己内在心智能力的发展，也来自人际关系互动中他人心智化水平对自己的影响。这里的人际关系，更多强调的是母婴关系。

让我们想想看，一个心智化水平比较低的妈妈，会怎样养育自己的孩子？

她可能对孩子的需求并不敏感，孩子明明是饿了而哇哇大哭，但这个妈妈却给孩子换尿不湿；

孩子明明渴望妈妈的拥抱，母亲却把手机递给孩子玩；

孩子在外面受到欺负了想获得一些情感支持，母亲却骂这个孩子“你怎么那么没用”。

在这样的母婴关系互动中，孩子的情感需求总是得不到满足，他因此引发两种潜意识层面的思考：

妈妈这么糟糕地对待我，是我错了吗？

我没做错什么，应该是妈妈错了。

对于一个幼小的孩子来说，承认“我错了”，意味着“我可能要失去妈妈对我的爱”，这简直无异于自我毁灭。为了防止自我被毁灭，孩子会自动地认为是妈妈太糟糕了——言外之意，妈妈“是错误的”——就是这样，对外界充满敌意的心智模式就此形成了。

开放心智，最重要的自省精神

封闭心智，实际上是一个人对外界敌意的防御，他需要让自己活在自己的世界中，才能确保自己的安全。

尽管从心理层面，我们可以理解封闭心智的动力和成因，但是在现实生活中，无论是封闭心智的人自己，还是和他们相处的人，都会觉得很不舒服，甚至很痛苦。一方面，封闭心智的人活在满是敌意的世界里，另一方面，和他们相处的人，时时刻刻感受到他们带来的敌意。

想要从痛苦中跋涉出来，过上更加丰盈美好的生活，对于封闭心智的人来说，就要学会开放自己的心智。

从封闭心智到开放心智，最关键的路径就是学会自省。

自省，不是说要我们觉得事事都是自己错了，而是学会内观，从内观中去发现到底是什么限制了自己，又有哪些资源可以开拓自己，从而消化潜意识的敌意，获得平静愉悦的一种状态。

有效的内省，可以通过以下三步来实现：

▸放下成见

如前文所言，封闭心智的人习惯的思维模式就是“我是对的，你是错的”，他们习惯性通过各种攻击方式来维护自我的正确性。可现实是，一个人不可能永远都是正确的，世界上的很多事情也不能简单地用正确和错误来概括。比方说，有人说麻辣小龙虾是好吃的，可是对于一个不吃辣的人来说，它显然是不好吃的。你能说这两个人谁对谁错吗？

有效内省的第一步，就是要放下成见，即相信自己也有犯错的可能，或者双方可能都是对的。

▸转换立场

转换立场，就是就要站在对方角度去思考问题，这对于封闭心智的人来说很难，因为这会打破他的安全范围，让他体验到不适感。

转换立场，可以帮助我们看到事情更多的面貌和可能性。

比方说，你的另一半很享受看话剧、听音乐会等艺术活动，但这些在你眼里，除了浪费钱，就没有别的用处了。但如果你能站在对方的立场，你可能会有不一样的发现：

他父母都是文艺家，所以对艺术的爱是长在他骨子里的；

他平时工作很辛苦，参加一些艺术活动可以很好地减压；

他领导就是学艺术的，这会提升他的职场人际关系；

…………

当一个人能够转换立场去看问题，他就能够由此来看清自己的局限，从而收获更宽广的视角。

▸ 与人共情

有效自省的最后一步就是能够与对方共情，就是我能够理解你的情绪状态，情感感受。

比方说，当你了解另一半为何这么喜欢参加文艺活动之后，你就能体会：他何时是开心的，何时又是落寞的；你怎样说，他是愉悦的，你怎样做，他是失望的。

当你能够体会对方的感受，并且给予恰当的反馈，这个过程就是共情，也就是我们常说的“我看见了你”。

心启发

如何与封闭心智的人相处

- 当对方攻击你的时候，你要了解的是，攻击他人只是他们的一种模式，他可能并非特意针对你。
- 穿越封闭心智的表面，看到对方的脆弱和恐惧。
- 尽量避免和对方正面冲突，用认同的方式化解矛盾。

Seven

情绪：孤独

最遥远的距离，是“你以为你懂我”

心理关键词：投射性认同

强加的“我懂你”，是巨大的鸿沟

大家可能都遇到过这样的人：

他们喜欢用非常笃定的口吻和你说“你一定是如何如何了”“你肯定怎样怎样了”“你看，我就说你应该怎样怎样吧”。

如果这个人说的话真的符合你自身的情境，你可能会有种“千里遇知音”的欢愉感，遗憾的是，真正的知音，从来都是难觅的。换言之，那些自带傲娇神情，以为甚是了解我们的人，通常来讲，都不是真的了解我们，而是喜欢随意判断、随意给他人贴标签罢了。

最要命的是，你平心静气地对他说“你说的那个人，不是我”，可他听了不但不相信，反而用更加意味深长的眼神望着你，好像他洞穿了一切似的：“哎呀，你就是那样的，就别和我装了。”

这时候，你能怎么办？总不能把自己解剖成砧板上的生鱼片，片片展示给他看吧？你只能忍着内心满满的槽点，懒得搭理转身离去；又或者苦笑道：“行行行，你美/你帅，你有理。”

那种自以为是的“我懂你”，已经在你们之间建立了一座巨大的鸿沟，估计要靠航空母舰才能渡过去了。

我们只能看见自己底片上有的东西

经常研究心理学的读者，都知道心理学上有个很基本的概念——投射。

投射是什么意思呢？

就是说一个人自身就好像一部放映机，里面有底片，有操作杆。投射的过程，就是这个底片通过放映机来呈像的过程——我们在幕布上看到什么，是因为这个底片里有什么。

换言之，**我们把自己拥有的情感、意志、行为动机等强加给另外一个人，这就是“投射”**。

很显然，那个遭到我们否认还坚信自己很了解我们的人，就是在玩一个叫作“投射”的游戏，所以，即便他听见了我们反对的呐喊，但他仍然会坚信不疑自己所理解的就是真实的我们，那是因为，他只能看见自己底片上有的东西，看不见底片之外的东西。

为什么一个人会在关系中玩这种投射的游戏呢？因为他自身的需要。

投射，算是心理上的一种防御，也就是说，为了保护我们自身的心灵不受到伤害，我们可能会在关系中启动“投射”这种防御机制。

比方说，有一次我在文章中谈到了一些和性有关的话题，有读者在后台给我留言，大意是说：我印象中的你应该是优雅、知性、友善的，而不是会在公开场合谈论“做爱”这种粗俗字眼儿的人。那个读者还说，我让她很失望，所以她决定取关我。

很显然，在这位读者眼里，我是分裂的：

首先，于这位读者而言，我是一个如知心姐姐般的存在，身上布满闪光的人格特质，美好得像个天使一般。我们可以把这种投射，叫作“理想化投射”，它代表了我们理想自我的一部分。

其次，在这位读者眼里，由于我使用了“做爱”这样的词汇，她看到了一个粗俗的、丑陋的我的形象。我们可以把这种投射，叫作“负向性投射”，它代表的是我们自身不能接纳自己的一部分。

这位读者之所以在看到我谈及性的话题时会愤怒，当然不是因为我真的是一个粗俗不堪的恶魔，而是她自己把性看作一件羞耻的、不能公开讨论的事，她不能接纳自己用一种放松的心态去看待性关系，如果她这样做了，她会认为自己是不好的。

而我写的文章恰恰勾起了她内心对性的羞耻感，她承受不了，所以把内心对于性的恶魔感受投射给了我，这样才能保证她是好的，是优雅的。

投射：关系中互相攻击的武器

在现实生活中，这种“投射”常常导致关系出现比德雷克海峡还宽的鸿沟，是因为我们常常在关系中体验到别人对我们进行的负向性的投射，即：你是坏的，你是糟糕的，你是不好的。

这样的投射，会让我们体验到很强的挫败感，然后就会开始攻击对方，或者攻击关系，从而导致两败俱伤。

比方说，我有一个女朋友，我们叫她小红吧。在我们这群和小红走得比较近的朋友眼里，她是一个聪明能干、勤快独立的女性。但是在小红老公的眼里，小红却是一个懒散、不爱做家务、没什么主见的人，而且她老公也经常这样对小红表达自己的不满。小红曾经试图和老公据理力争，说自己不是那样的人，可老公就是不听，坚信她就是如自己所言，懒散又没用。

结果可想而知，婚前经常打扫卫生，把家料理得窗明几净的小红，在婚后完全不做家务，真的满足了先生对于她的“期待”。

为什么小红明明不是懒散没用的，她的老公非要说她是这样一个人呢？也就是说，他为什么非要把她投射成一个不那么好的人呢？

那是因为，在小红的这段婚姻关系里，小红很早就体验到自己的老公能力不是很强，各方面也不是特别优秀，所以她潜意识里有很多对老公的不满，尽管这些不满没有通过语言表达出来，但还是通过无意识的方式传递出来了。

小红的老公接收到这样的无意识传递，觉察到自己在小红那里是个没价值的人，为了让自己有价值，他只能也选择剥夺小红的价值，于是，就通过投射的方式把小红的价值给剥夺了。这样，关系才得以维系下去。

在这个案例中，你可以清晰地了解到，投射之所以产生，是因为在关系中的一方首先使用了攻击，而另一方为了自保，用投射的方式来进行回击。

承认不懂，是对关系的尊重

人，是这个世界上最复杂的动物。除了先天基因不同，我们还拥有不同的原生家庭、成长经历、出身背景、个人财富、外表颜值……这决定了，我们每一个人都是一个非常复杂的精密仪器，有着失之毫厘谬以千里的不同。

不记得哪部电影里有句这样的台词：当我说“我爱你”的时候，和你想说的“我爱你”，是完全不同的含义。

不要再轻易地去主观认定“我懂你”了，真正的懂得，一定是建立在深深的理解、接纳基础之上的，否则，一切的“我懂你”，都是人与人之间巨大的鸿沟，就算是泰坦尼克号，恐怕也渡不了的那种。

比起让人吐槽无力的“别装了，我懂你”，一句坦诚的“我确实不懂，但我愿意慢慢去了解”，往往可能让你和对方的关系更进一步。

很多时候，承认不懂，是对关系最大的尊重。

心启发

如何尽量避免在关系中启动投射机制

- 警惕自己的愤怒，愤怒多半源于自我内在的创伤。
- 接纳自我的不好，自我接纳程度越高，对他人使用的投射越少。
- 沟通中如果有疑问，可以通过提问来解决，而非依靠你自己的想象来获取答案。

能让我们安身立命的，只有自己

心理关键词：自我实现

每个人心中都住着一个理想的自己，它就像一个绮丽的梦，牵引着我们马不停蹄地向前。我们渴望成长，渴望突破，渴望与旧有的自己告别。

现实却总是将我们的很多努力洗白，在平淡的岁月里，除了徒增一些脂肪和眼角的鱼尾纹，所及之处真的谈不上超越。

超越自我，到底难在哪里？

认识你自己，是超越自我的前提

著名心理学家阿德勒有一本经典著作名为《自卑与超越》，主要讲的就是，自卑是自我实现的一种驱动力，因为我们觉得自己不够好，才会去想着要超越现在的自己。

很多人可能都有这样的感受：我知道自己不好，事业不顺、爱情渺茫、友谊暗淡，貌似没什么东西是好的，我对“变得更好”有一种深切的渴望，但是，我不知道自己到底该怎么做。很多人把这种状态称为“迷茫”。

人之所以陷入“迷茫”的状态，是因为他不认识自己。

可能会有人不认同这句话，他们觉得他们的人生之路明明都是自己选择的，比方说求学、找工作、结婚生子等，但这就代表你足够了解自己了吗？

你决定考清华、北大，你真的知道它的历史吗？你清楚里面的哪个老师哪门课程吸引你吗？很可能不知道。你之所以选择这些学校，是因为它们出名，很多人都说好。也就是说，你所做的选择，不是基于你本身的特长和意愿，而是基于他人的评价。

也许你从来没真正地思考过自己喜欢什么、擅长什么，就匆匆忙忙跟着社会的潮流做了选择：做金融赚钱，那就学经济学嘛；创业能实现阶级跨越，那就去创业嘛；对方有房有车长得不丑，那就恋爱结婚嘛……你不曾仔细看过自己的这些选择是否和自己的接口匹配，所以后期就可能出现了很多适应不良。你想要改变，却不知道从哪儿改起，因为好像自己做的都是“最优选择”啊！

其实，问题恰恰出在了“最优选择”。

什么是“最优”？适合自己的才是真正的“最优”，那些看上去再金碧辉煌的选择，如果不适合你，最终都会因为排他反应让你病倒在人生的路上。

所以，想要真正地超越自己，前提是你得认识你自己，只有真正地认识自己，你才清楚超越的方向朝向哪里。

那真实的自己又如何发现呢？

真实的自己藏在你的感受里。

问一问自己在什么情况下更快乐？

陪伴家人让你快乐，还是工作成就让你更快乐？

一个人待着和一群人一起喧嚣，哪一种让你更快乐？

开奔驰在路上呼啸而过，还是踩单车在夕阳下漫游让你更快乐？

…………

当你看见自己快乐感受的来源，你就知道什么东西对于你来说更重要，你就会更加清晰地认识自己，然后朝着正确的方向去迈出超越的步伐。

自我实现，需要不计成本的勇气

通过认识自己，你会发现自我超越的方向和目标，但是在这条自我实现的路上，你还需要拥有不计成本的勇气。

电影《芳华》播出的时候，引起了公众的热议，但是少有人去了解这部小说背后的作者严歌苓，大多数人对她的了解，大概就停留在她写了很多小说，有一个外交官丈夫这个层面。事实上，作为一个多产且好评度颇高的职业作家，严歌苓在自我实现的路上也曾颠簸不平，而她去铲平前进路上所有障碍的最重要的工具，就是她自身拥有的、不计成本的勇气。

严歌苓曾经在视频节目《一席》演讲中说过自己成长的经历，她说早在20世纪80年代的时候，她发现美国对职业作家有专门的训练，她很希望自己能够接受这样的教育，于是下决心要去美国留学。

可是那个时候的严歌苓，英文水平只局限在认识26个英文字母，而她如果想去美国留学，必须通过托福研究生考试标准的分数线，即550分。

熟悉托福考试的人可能知道，那是一项难度系数很高的考试。严歌苓不分黑白昼夜地学，终于用了1年零7个月，成功考了

577的高分成绩。她如愿地去美国留学了，并且成为当时那个学校文学写作系100多年历史上唯一的一个外国学生。

在后来的创作生涯当中，严歌苓为了能够写好一个人物，在动笔之前一定要去实地体验，为此她住过连室内厕所都没有的农村，也自掏腰包去日本生活了一段时间，她说："有的时候，我在写作前会想，如果这本书卖掉10万册，可能正好能够抵消我的创作成本。"

正是有这种精神上和经济上都不惜成本的勇气，才有今天被各大导演争相合作的严歌苓。

现实生活中，很多人面对清晰的目标，都会长吁短叹，说自己做不到。阻碍他们的，可能不是他们自身的能力，而是他们的负重力，即你愿意为你所期望的目标付出多少。

这个世界上，大多数值得拥有的东西都不那么容易获得。只有你拥有不惜成本的勇气，才能换来笑傲江湖的快意。

毕竟，"有舍，才有得"，不仅是一句传送千年的老话，更是一句真理。

征途漫漫，你要有沉得住气的耐力

有这样一则故事，说的是一位一心想早日成名的少年拜一位剑术高人为师。他迫不及待地问师傅多久才能学成。师傅答曰："10年。"少年又问如果他全力以赴，夜以继日要多久。师傅回答："那就要30年。"少年还不死心，问如果拼死修炼要多久，师傅回答："70年。"

为什么这个少年越是强调自己的努力，这位师傅反而越是拉长修炼的时间呢？那是因为，这位师傅透过这位少年的言语，看透了他有一颗急于求成的心，而世上大多数的事情，往往是欲速则不达。

心理学研究显示，后天成功的人，都有一项共同的能力，即“延迟满足”的能力。

所谓“延迟满足”，就是指一个人具有等待的能力，更通俗点讲，就是说你要沉得住气，要有一种“十年磨一剑”的精气神。

2011年，微博上有一个叫“老树画画”的人火了，他以一幅小画配一首打油诗的形式，走进了千万人的内心。

老树画画本名刘树勇，是中央财经大学的一名中文教师。成名前的刘树勇，做过很多行当，电影批评、陶瓷、摄影、书法、文化出版等，无论做什么，刘树勇都秉持一个简单的原则：怀着谦卑之心，做好眼前的事。

成名后的刘树勇，并没有因为声名飞涨就变得喜欢觥筹交错，他一如既往地沉浸在自己喜欢的事情上，由于他的画室是在地下室，他还给自己印了一枚印章称为“一个地下工作者”，看似客观描述，实则是以幽默的方式展现了对自我的坚守。

绘画对于刘树勇来说并不陌生，当年，刚刚大学毕业的他，就被很多业内人士称赞“画得特别好，特别像齐白石”，各种赞美声不绝于耳，但这并不让刘树勇欢喜，他想找到属于自己的风格，这一找就是二十几年。

当我们在这无涯的人生路上飞奔的时候，有多少人愿意停下来，用10年、20年去专注地做一件事？

甚少。

我们害怕被充满不确定性的未来给吞没了，我们害怕被自己鄙视的人超越了，我们害怕在同学聚会上抬不起头，我们害怕在儿子家长会上气短三分……但是你知道吗？正是这些害怕，削减了你生命种种的可能性，削薄了生命本该有的厚度。

如果我们能放下种种恐惧对我们的限制，我们愿意用更长的时间去完成一个人生的目标，即便最终没有世俗意义上的成功，我想，至少可以在这坚持里，锤炼出一个更加豁达、广博的自己，而这对仅有一次的生命而言，难道不是更重要的一种体验吗？

这个世界上，最后能够让我们安身立命的，其实只有我们自己。只有当你看见自己的真实渴望，驯养自己的无畏勇气，才能最终超越所有限制你的藩篱，获得不一样的新生体验。

心启发

如何实现自我超越

- 根据自身的爱好和特长，树立一个可行的目标。
- 对目标，要有沉得住气的本事和能力，不要被外界干扰，活在自己的时区里。
- 遇到困难，想办法解决而不是自动逃避，这需要勇气。

所谓成熟，就是学会和孤独做朋友

心理关键词：自我链接

“那天的天气很冷，街上来来往往都是准备过圣诞节的人，我走进一家咖啡店，点了一杯咖啡，在氤氲的雾气里，我看着落地窗外手拉手的情侣和温馨的一家三口，发了一会儿呆。忽然有人问我对面的位置有没有人坐，我摇了摇头。那人把凳子搬走的那一刻，我看着空荡荡的对面，忽然觉得好孤独，前所未有的孤独。”

这是我在知乎上看到的一段关于“孤独感”的描述。相信看到这段文字的你，会和我有一样的感受，有点清凉、有点凛冽。

孤独感，大概是所有情绪中最奇怪的一种感受：我们能够分享快乐，分享忧伤，唯独我们无法分享孤独；我们一直都在努力逃避孤独，到头来却发现，根本就逃不开它。

终有一日我们明白了：原来孤独就是成熟的另外一个名字，其实它远没有想象的那么可怕，甚至蕴藏了很多积极的意义。

孤独，是因为内心长出了铠甲

《孤独的城市》是英国女作家奥丽维亚·莱恩在纽约深感孤独的时候写下的一本书。作者从几个当代艺术家着眼，以传记式的文笔曼妙地勾勒出每个艺术家在自己的生命中如何遭遇孤独，又如何抵抗孤独。莱恩结合自己对孤独的一些感悟，深入地阐述了当下每个人都无法避免的一些孤独体验。

不过，更值得玩味的是，作者奥丽维亚·莱恩写这本书的背景，恰恰也是因为孤独。

莱恩有一个异地恋的男朋友在纽约，为了一个爱情的承诺，她独自漂洋过海，从英国来到纽约。在莱恩的计划里，她想的是终于可以有情人终成眷属，在纽约过上神仙眷侣的生活。然而现实却狠狠地给了她一个暴击，没错，她被那个曾经山盟海誓的男朋友抛弃了。

在一个陌生城市、一个老旧的旅馆里，莱恩没有亲人、没有朋友，甚至没有可供生活的积蓄，试问，还有什么境遇比这种体验更孤独吗？

莱恩大概也想过要逃避，可是逃往哪里？

精神分析学家认为，孤独是对失去的、不在身边的爱的客体，所有怀有的痛苦的渴望。也就是说，即便莱恩逃回英国，她也终究无法改写已经失去爱人这个事实，而这又恰恰是她孤独感的来源。

逃避不成，只能选择承受和面对。恰恰是勇于面对这份孤独的勇气，让莱恩沉醉到了另外一个有关艺术、城市与孤独的世界，从而完成了这本书的撰写。

有没有觉得这个故事似曾相识？

我们满怀着希望与憧憬，在人生的道路上大步向前，原本我们预想着前途应该是一片光明，可是走着走着却发现，怎么人生的路上不是路障就是悬崖？然而，比这更糟的是，我们发现自己对这种境遇竟无人诉说。和父母说？我们早就在漂泊中学会了“报喜不报忧”；和朋友说？他们也都有自己的难处和问题；和爱人说？真正爱一个人哪里舍得让他和你共担压力！于是，我们只能咬紧牙关，独自面对人生路上的这些风风雨雨。

孤独吗？孤独。但也恰恰是这份孤独，让我们的内心生长出盔甲，独自面对命运的偷袭。我们在孤独中捍卫我们所爱、所珍惜的，然后一点一点地变得强大、成熟和圆满。

敢于孤独的人，都过着不迎合的生活

你在什么时候会感觉到孤独？

那是十几年前的往事了。

大学毕业的时候，我那个“七人行”的好朋友组织，其中的6个都留在广州、深圳等珠三角地区发展，只有王小白一个人，在找工作的时候就拼命瞄着上海，最后，他如愿以偿地进入某四大会计事务所之一的上海总部去做审计。

在他出发的前一晚上，他在群里嚷嚷着“感觉好孤单啊，你们赶紧出来陪我去唱歌”，于是，7个人在KTV唱了一整晚。然后大家分道扬镳，各自踏上自己人生的新旅程，王小白在群里又发了一行字：还是好孤独。

群里静默了好一阵，没有人回复……

你有没有这样的时候？我的意思是说，你有没有在觉得自己特别孤独的时候，然后拼命去做一些事情，想让自己看上去没那么孤独？

我相信，肯定是有的。

比方说，你看着周围的朋友们结婚生子，只有自己还是孤零零的一个人，为了让自己看上去不那么孤独，于是你拼命相亲，碰见一个看上去还不错的人，不管有没有爱情，就毅然嫁了；

再比方说，同事们都在谈论最近某部热播剧，本来你对这类剧毫无兴趣，但为了不让自己显得那么不合群，你还是强迫自己刷了几集，然后看似很狂热地和他们聊成一片；

…………

可是最后你发现，你努力让自己不孤独的行为或决定，最终却神奇地将你置于更深的孤独之中。

我们那么努力让自己看上去不孤独，是因为我们的潜意识里认为孤独代表我们没有朋友，代表我们不受欢迎，所以我们拼命去证明自己不孤独。

任何情绪，都是我们体内的一种能量。如果孤独是你人格里一种显著特质，而你却要去压制它，这时它起到的反作用力也会更强大，这就是为什么你越努力证明自己不孤独，越感觉孤独。

可是，孤独真的那么可怕吗？

王小白每次回广州，我们都会一起聚聚。他和我说，他后来在上海的日子，学会了不抗拒孤独，而是和孤独共处，而这也让他找到了更多的生命能量。如今的王小白，是某家知名国际投资公司的投资经理，几乎每天都在飞机上飞来飞去，他依然孤独，却更有力量。

事实上，**当你敢于与孤独和解，不再抵抗它，你的内心就会升华出一个更加强大的自我。**你的安全感和归属感都来自内在的自己，所以也就无须取悦他人，而过上自己想要的、不必迎合的生活。

就好像如今还在山西一个不知名小镇上生活的科幻作家刘慈欣，远离喧嚣的大都市，将自己置身于闹市之外，看上去很孤独，但是却可以创造出令全世界都赞叹的科幻小说。

孤独的人，都有一颗天真的灵魂

早些年在媒体工作的时候，我采访过很多文化圈的名人，有很多人让我印象深刻，崔老师便是其中的一位。

崔老师是“文革”后首批中央工艺美术学院的大学生，毕业后被分配到某高校做老师。在任职期间，他开创了该校的设计专业，并且后来升至学院的院长，同时兼任校办企业某公司的总经理，做了一批久负盛名的设计作品。

在事业正如日中天的时候，他却突然做了一个让所有人目瞪口呆的决定——辞职，然后就消失了。

这一消失，就是4年，他躲在繁华都市外的某个小村子里，用之前的积蓄买了一栋二层小楼，改造成自己的工作室，专心致志地在里面玩起了“泥巴”——制作青花瓷工艺品。

记得当年我问过他，为什么在疾风向前的人生中，突然停下来。他满脸纯净地笑着跟我说：“因为我发现自己并不喜欢之前那种喧闹的生活，然后突然有一天，觉得是时候了，是时候一个人静静地待着，只做自己想做的事情，然后就辞职了。”

人生，其实就是一个不断找寻，从残缺到圆满的过程。我们在生活的历练中，慢慢地知道了自己喜欢什么，不喜欢什么，适应什么，不适应什么。在这个过程中，那些勇敢的人，会尊崇自己内心，活出对生命的敬意。

就好像我的朋友张大妮，38岁了依然孑然一身，我总是忍不住好奇地问："你总这么一个人，不孤独吗？"

"当然孤独啊！"张大妮哈哈大笑继续说道，"但我在这孤独中舒适自在，我总不能为了你们设定的幸福标准，就随便将我的人生拱手相让啊！"

是啊，人活于世，最慷慨的方式，不就是把自己还给自己吗？不媚俗，不世故，不囿于条条框框，活得自在、安然、天真、热烈、真挚、绽放，这才是我们向往的圆满和成熟吧！

每一个看似孤独的人，内心都住着这样一个天真的灵魂，他们沉默而专注，只为自己喜欢的人或事倾尽全力，譬如凡高、叔本华、乔布斯，以及一切你能想到的伟大人物。

有人曾经唱道"孤独的人是可耻的"，但我却想给敢于孤独的人们唱赞歌，他们把一个人活成一支队伍，这勇敢当属无上的光荣。

心启发

常常感到孤独怎么办

- 频繁的孤独感来源于深度链接的缺失，尝试找到生活中那个可以分享秘密又鲜有评判的人，和他多沟通多交流。

- 链接不仅发生在人与人之间，人与事、人与物之间也可以发生链接，找到内心那件让你满足的事情，在坚持中也可以减少孤独感。

- 学会独处，慢慢地你将不怕孤独甚至享受孤独。

Eight

情绪：痛苦

拿到人生的烂牌，你该怎么办

心理关键词：自我承担

前几天，看到一条新闻，在杭州打工的江西小伙子小叶，因生活工作不顺，去江边喝酒欲寻死……酒醒时，他发现自己躺在江边的亭子里，身边有张字条和200元钱。字条上写了这样的话："钱可以再赚，命只有一条。相信你是个经得起风浪的人，只要不死，终会出头……有钱把事做好，没钱把人做好。"

看到此处，你是不是也像我一样，感觉那个留字条的人好温暖，然后好奇那个打算轻生的小伙子究竟遇到了什么样的打击，竟然连死都不怕？

如果把人生比喻成牌局的话，那个小伙子可能是摸了一手烂牌。而现实生活中，其实有很多人都摸了一把烂牌，不同的是，有些人直接弃牌不玩了，就如新闻中的那个小伙子；而也有一些人，却能够将手中的烂牌，打得风生水起。

人生的牌局，你自己是唯一可控的变量

你有想过，是哪些元素构成了你手头的人生？

父母、婚姻、爱人、孩子、工作、朋友、爱好、容貌、身材……诸多元素，组成了我们手中的人生之牌。在这诸多的元素中，除了父母我们无法选择，其他的任何元素，其实都和我们自己息息相关。

有些人想通过改变外在的一些因素来调整不利的牌局，比方说想改变爱人、改变孩子等，于是想方设法去控制对方。

被控制就是被囚禁，每个人都是一个情感动物，谁会心甘情愿地被囚禁呢？所以，越是想改变别人，越是会因为对方的反抗，而感受到深深的挫败感。

所以啊，**这场人生的牌局，唯一可控的变量，其实只有你自己。**

经常会有读者给我留言，说自己由于遭遇了一个极度缺爱的原生家庭，导致人生的际遇充满了坎坷和荆棘，没有朋友、没有爱人、工作也不顺利……

我能从这些诉说中，体会到难过、脆弱、伤心，甚至是绝望，我当然也会尽力以共情的方式，给予他们一些支持性的回馈。

但是，其实哪怕是同样遭遇糟糕的原生家庭，也还是会有人因为掌控了自己这个唯一的变量，而将人生彻底翻盘。

有这样一个孩子，出生在贫民窟，邻居都是贫穷的工人、瓦匠和木匠。在他童年的记忆里，每天闻到的都是酒鬼身上廉价的酒精味、流浪汉的尿臭味、隔壁邻居发馊的熏鱼味。不仅仅是外部环境糟糕，家里更是一团乱麻。父亲嗜酒，只要一喝酒，就会变成绿巨人，对自己的母亲拳脚相加，家庭充满了破坏性的紧张气氛。

这个孩子的原生家庭，应该算是糟糕的吧？

如果按照“创伤决定论”，你是不是会预想他的人生灰头土脸，一败涂地？

然而，他没有。他大学没毕业，却成了东京艺术大学教授；以面瘫著称，却屡获影帝提名；曾经是个电梯小弟清洁工，如今是闻名世界的大导演。

他就是北野武。

其实，人生就像张艺谋的那部电影《十面埋伏》，我们一路拼杀，却不知道在哪个路口就惨遭暗算，除了遭遇黑暗的原生家庭，婚姻、财富、功名等也都随时有可能被劫走，唯一能够留下的其实只有自己。也只有你笃定地相信你自己、坚持你自己，手头上的烂牌才有胜算的可能。

优势与热爱，才会成为你手里的王炸

我们只能依靠自己去拯救这惨淡的人生，可是自己有什么可依靠的呢？

最近热播的网络剧《白夜追凶》，让沉寂了好些年的男演员潘粤明重回大家的视野。

2009年的时候，潘粤明在拍戏的过程中出了车祸，医生甚至给他下了病危通知书。车祸之后，又因为生活上的事情，他隐忍着没有说出真相，使他遭到各种攻击，以至于人气直落千丈。这对于一个演员来说，无疑是抓到了人生中的烂牌。

据媒体报道说，在《白夜追凶》剧组找到潘粤明的时候，也有另外一个剧组找到他，邀请他做男主角。另外一部戏，是都市言情剧，并且会在几大卫视联合播出。按常理，后者可能会更容易让演员提升热度，但是潘粤明看过剧本之后，还是按照自己的意愿，选择了可能流量并不会特别高的《白夜追凶》。

在剧中，潘粤明一人分饰两角，扮演分别代表光明和黑暗的孪生两兄弟，他以精湛的演技，将两个人的性格特征诠释得淋漓尽致。片子获得一片好评。

他以绚丽的姿态，告别了几年前的伤痛，华丽回归。

如果，潘粤明没有如此精湛的演技，又或者他挑剧本的时候没有尊崇内心的热爱，大概就不会有此时让众人喝彩的潘粤明。

事实上，不仅仅是潘粤明，任何能够在人生中逆袭的王者，都是将自己的优势最大化，坚持自己的热爱，从而塑造出不可被取代的、独一无二的自己。所以，想要让自己手里的烂牌翻盘，你必须找到源于内心的热爱，和最擅长的优势，让它们成为你的王炸。

曾经有个来访者，说觉得自己一无是处，找不到自己有任何优势。她之所以这样说，是因为她的潜意识里不相信自己是好的，也不相信自己值得拥有更好的，正是潜意识里的这种彻底的自我否定，才让她在意识上深信自己“一无是处”。

后来我问她：“你平时把时间花在什么上面比较多？”

她告诉我她比较关注吃。

我又问她：“你做饭好吃吗？”

她说觉得自己做得还行。

我听后，告诉她说：“做饭就是你的优势。”

她听到这个，瞪大了眼睛看着我，一副好像被我敷衍了的怀疑表情。

我解释道：“你做饭好吃，就可以邀请朋友去品尝你做的饭，这样就可以提升你的人际关系；如果有一天你工作不顺失业了，你可以开餐馆、卖外卖，这都能保证你不会断绝经济来源。这难道不是很好的优势吗？”她听后觉得很有道理，拼命地点头。

事实上，很多人说自己找不到热爱、没有什么优势，是因为内心里住了一个胆小、怯懦的小孩，这个小孩不相信自己有力量去独自面对人生的风雨。

如果你能看见自己内心的那个小孩，并且摸摸他的头，告诉他“不用害怕，你能做到”，你就会从内在滋生出力量，看见属于自己的优势和热爱。

不服输的勇敢，也能将你送往绽放的人生

上周末，和一个很久没有见面的大学同学小聚了一下。

这位同学，大概在3年前就离婚了，独自抚养一个5岁的儿子，她的前夫因为不怎么喜欢小孩，所以自打离婚之后，从来没有看望过孩子，而法院判定每个月要付的生活抚养费，这位前夫也一分没有给过。

不仅如此，除了失婚，我的这位同学在当时还遭遇了工作上的变故，面临失业的危机。

你能想象那种感受吗？一个30多岁的离婚女人，独自一人带着孩子，仅有的经济来源也快要没了……这大概也算是人生中的烂牌了吧？

我的那位同学说，她最糟糕的时候，银行卡上只剩下几千块钱，并且每天都失眠，到快天明的时候，累得不行才能睡着。

如果是你，你会像那个寻死的小伙子一样，直接弃牌吗？

我的这位同学，没有选择弃牌，她卖掉了当时仅有的财

产——一套面积不大的二手房，然后将资金全部投到了她的新事业之中，开一间课外辅导班。

2年过去了，我这位同学的课外辅导班已经开了四间连锁，而更让人惊喜的是，她还找到了一个比她小两岁的、很爱她的男朋友。

其实，我们每个人都有可能遭遇人生的当头棒喝，把一副烂牌丢在我们手上。在这时，有人会选择逃跑、躲避，或者在烂牌面前自怨自艾；而也有一些人，会凭借内在那个强悍的自我，选择与命运死磕，在吭哧吭哧的坚持中，勇敢地自我承担、自我负责。

心理学的精神分析学派认为，我们的外部世界实际上是我们内在的一种投射，也就是说，**我们拥有什么样的内心，就会塑造什么样的现实。**

面对命运的偷袭，如果我们能够像我的那位同学一样，选择勇敢面对，而不是懦弱逃跑，我们就创造了翻盘的可能。

我想，人生如果真有什么胜利可言的话，大概不过就是在你最不堪的时候，你没有放弃，而是选择了勇敢地坚持。

然后，你可以骄傲地告诉你爱的人和爱你的人："命运，没有摧毁我。"

心启发

如何打好手里的烂牌

- 笃定地相信自己，只要不放弃，就有翻盘的机会。
- 不要急于求成，学会延迟满足。
- 找到优势，组合资源，用行动去改变牌局。

道理我都懂，就是没法行动

心理关键词：延迟满足

人生中总是有一些重要的节点，比如说三十而立，四十不惑，又比如说一个倏忽而至的新年。每当重要节点来临的时候，我们总是习惯回望。有可喜的收获，也总有寂寥的遗憾，很多曾经立下的誓言、许下的目标，似乎都在一个又一个的“明天”里沉沦了。

心中的“诗和远方”之所以被埋葬，和一个人的行动力是密切相关的。

不是所有的行动力，都有正面意义

Kenny是我的一位男性朋友，他给朋友们的印象，可以用这两个词组来形容：爱好广泛，不停折腾。

印象颇让人深刻的是，在与Kenny认识的这几年，他换了好多个行当。这次吃饭，他可能跟你说他在做互联网社群，下次吃饭他的职业就变成了区块链媒体创业者。不仅如此，他的爱好也总是漂移不定，有朋友说最近在坚持打羽毛球，他跃跃欲试；过些天，他又变成了马拉松爱好者……几个月过后，你会发现他的羽毛球技术还和开始一样，而马拉松坚持不了半程就草草放弃了。

相信你的生活中，不乏Kenny这样的人，他们看似很努力，行动力极强，总是说什么，马上就能去干的那种。与此同时，他们做的每件事，坚持的时间都不长，不是草草放弃，就是又被其他新鲜事物吸引过去了。

显然，像Kenny这样的行动力，并不具备多少正面意义。

他之所以能够不停地折腾，为的不是达到某种目标，而是完成超我层面对自我的要求。换言之，行动，对于Kenny这类人来说，真正的意义是缓解自己无意识层面的焦虑，他担心自己不够好，担心自己落后于人，担心自己被人看不起，所以才要不停地行动，用一种“看上去很努力”的假象来满足自己“其实我很好”的内心需求。

像Kenny这样的人，内在通常都住着一个不稳定的、弱小的自我，他们需要通过外界的评价来平衡自我的稳定，获取自我的价值感。表面上的行动，能够帮助他们从外界获得一些关注，填满内心的匮乏，所以，哪怕总是一事无成，他们也始终停不下来对自己的折腾。

所以，当你打算要做一件事情的时候，不妨先问一下自己，究竟是真心喜欢，还是仅仅为了抵抗自己潜意识里的焦虑？

如果是后者，即便是很强的行动力，也未必会带来正面的效果，因为你更在意的不是事情本身，而是自己看上去很努力的样子，所以一旦事情进展不顺，你就很容易会放弃，从而换一个更简单的方式，来维持自己看上去在努力的虚幻感。

行动力不足，是因为无法延迟满足

当然，很多时候，我们还是真心希望自己能够实现某些计划，比方说养成运动的习惯，或者阅读的习惯，等等。但是，为什么即便是面对真心想要的事情，我们还是缺少行动力呢？

在回答这个问题之前，让我们先来做一个假设：

现在让你做3组俯卧撑，每组30次，如果做完，立即给你1000块作为奖励，你会做吗？

同样地，3组俯卧撑，每组30次，坚持一年，奖励就是你的6块腹肌，你还会像刚刚那样跃跃欲试吗？

面对同样的事情，由于奖励方式的不同，我们自己付诸行动的意愿也是不同的。

面对那些可以立即得到奖赏的方式，我们的意愿更强烈；面对那些需要长期才能得到效果回馈的奖赏方式，我们的意愿相对偏弱。

虽然六块腹肌带给我们的价值，远远大于1000块的价值，但我们还是被1000块钱吸引，这是因为我们的本能是希望能够被即时满足的。就像在我们的婴幼儿时期，哇哇大哭以示饥饿，我们希望母亲马上能够喂奶，这就是需要被即时满足的本能。

可残酷的现实是，没有什么事情是能够一蹴而就的。就好像冯仑在他的《野蛮生长》中所言，“所有的伟大都是熬出来的”，这意味着，当我们要实现某个目标的时候，一定是要经过长时间的摸爬滚打，才有可能成功。

所以，当我们看着遥远的目标，和自己所希望的即时被满足的本能发生冲突的时候，我们的行动力就被削弱了。反之，则可以说明，很多人表面上看似缺乏行动力，实际上是内在缺少延迟满足的能力。

我有一个朋友是基金经理，每天坚持晨跑5公里，风雨无阻地在朋友圈打卡，私下交流的时候，还了解到他每天坚持看专业书籍，又报考了专业的进修课。尽管如此繁忙，但是当他站在你面前的时候，你感受不到他的焦躁，反而有一种温和宁静的力量感扑面而来。我很好奇，问他这种让他坚持不懈的动力是从哪里来的，他说，他希望自己能够成为国内十佳基金经理，而他给了自己10年时间。

用10年去完成一个目标，这就是具有延迟满足能力的典范示例。拥有延迟满足能力，意味着你不会短视地只看重眼前的利益，而是会将自己放在更宏大的时空，展望出一个更辽阔的自己，并且为此不断努力。

向死而生，是提高行动力最有效的方法

我们再来玩一个假设性的游戏，假设你被抽中去参加一个名为“火星计划”的星际之旅，你将在一年后被一艘宇宙飞船送往火星，但需要注意的是，这是一趟有去无回的旅程，也就是说从你上了宇宙飞船的那一刻开始，就再也回不来了，你的未来会发生什么，谁也不知道。

请问：仅剩下的这一年，你会怎么过？

“世界那么大，我想去看看。我想在托斯卡纳的艳阳下发呆，我想去南非看动物大迁徙……”

“我可能会开个咖啡馆，跟来来往往的陌生人聊聊天，从他

们的故事里去采摘另外一个世界的模样。”

“我大概会每天都回家吃饭吧，毕竟三十几年都没怎么好好陪父母生活过，如果我走了，他们应该会很想念我吧。”

…………

如果只剩下一年你就被送去火星，对于你计划的事情、想做的事情，你是不是会毫不顾虑地去实现它，完成它？你的行动力不会受到任何限制和磨损。

其实，人生和你要参加的“火星计划”本质上不是一样吗？都是一场有去无回的旅程。我们之所以在人生面前可以肆无忌惮地去挥霍浪费，是因为我们以为自己还有大把的时间。

“还有大把的时间”，它就像一块浓墨重彩的拼图，镶嵌在我们牢靠的认知体系里，从而形成我们的心智模式，指挥我们的行为。

根据心理学的认知行为疗法理论，**如果想要改变我们的行为，首先要改变我们的认知，**也就是说，如果我们想要提高自己的行动力，首先要把“还有大把时间”的认知给消除或者替代。

事实上，无常，才是生命的本质。一场大火、一场车祸、一场地震等，随时都可以改写我们生命的长短，没有人能够确保我们“还有大把的时间”，所以，不妨把每一天都当作最后一天来过。

当我们能够学会把每一天都当作最后一天来过，你的行动力自然就不会缺席，因为你舍不得浪费这有限的分分秒秒。

当你养成把每一天当作最后一天来过的习惯，你的生命会在十足的行动力中历练得愈加饱满而又充满质感。

心启发

如何提高自己的行动力

- 让兴趣成为你的动力，而非用行动满足无意识的焦虑。
- 不要把要求定得过于苛刻，要在可实现的范围内树立目标。
- 常常给自己积极暗示，让行动力得以坚持下去。

你的选择障碍里，藏着你不了解的自己

心理关键词：选择困难症

在美国读研究生的表妹发微信过来，说自己有点迷茫。

因为她目前在一家名气不小的金融公司实习，并且主管很赏识她，有意让她转正，这意味着多数人羡慕的百万年薪离她又近了一步。

但她个人很喜欢哲学，内心想从事与哲学方面相关的工作。

她说，她不知道该如何选择。

如果是你，你会怎么选择？

一个小故事

在回答这个问题之前，我再讲一个发生在我身边的小故事。

Gloria是我的一个校友，长得很漂亮，还会画油画，英文硕士专业毕业后，就被某国驻广州领事馆雇用了。

外形、技能、工作、品格，如果用这个标准给每一个人打分的话，满分是100分，我的这位校友绝对是90分以上的优等生。

我们都笑称，Gloria的人生简直是开挂了！也正因为如此，几乎在Gloria所在的圈子里，她都被奉为“女神”。

一般被奉为“神”的，都拥有大多数人难以企及的综合生活状态。

因为被各自的生活工作所裹挟，虽属同城，但是我和Gloria见面的频率大概以季度为单位，而我们最近的一次见面是在上个礼拜天。

虽然说每次见面，她都会带给我惊喜，但这次的惊喜还真是挺让人目瞪口呆的——她说她辞职了。

我大跌眼镜地问她，到底发生了什么？怎么会把那么多人挤破头想进都进不去的工作给辞了？

她云淡风轻地告诉我，没什么特别的事情发生，老板对她很好，同事关系也很不错，工作也没什么应付不来的，她辞职的唯一原因，就是她想做自己真正喜欢的事情——珠宝设计。

这时候我才想起来，大学毕业后的日子，Gloria的周末基本上都是被各种课程填满的：素描、平面设计、3D设计……并且这些年，她早已经利用工作之余，出版了4本手绘珠宝设计书籍。

我恍然大悟，李宗盛的那句歌词——“人生没有白走的路，每一步都算数”在我的脑海里飘来荡去。

是的，Gloria通过出版的书籍获得了澳大利亚一家珠宝公司的设计师工作邀请，她的第二次开挂人生又要开始了！

讲到这里，你是不是大概已经猜到，我会给表妹什么建议了？

嗯。我不会告诉她选择追随自己的内心，也不会告诉她，留在华尔街做金融精英，而是会问她：**你打算为你的选择付出多少？**

虽然有很多鸡汤文告诉我们，不要给人生计价，人生不能追求性价比。可是赤裸裸的现实是：你想要得到的任何一样东西，背后都和你的付出成正比，虽然我们不能把这些付出明码标价，但它们确实都有一定的价码。

而面对选择，你唯一要想清楚的是，它向你所要的价码，你能接受吗?

我们为什么会陷入选择困境

无独有偶。

前几天，也有读者给我写信，问我关于选择的问题。

这位读者的大意是：自己在一个中部地区的二线城市生活，有一份可以养活自己的工作和一个爱她的男朋友，但是她并不满意自己的生活，想到广州这样的一线大城市来发展，她不知道如何抉择。

我表妹也好，这位读者也罢，我把他们的境遇统称为“选择困境”。而在现实生活中，好像也经常有人陷入这样的困境：

35岁的我是该生孩子，还是该继续奋斗工作?

我是该嫁有趣的John，还是该嫁给多金的Alex?

我是该回到三线老家的国企，还是留在一线城市做白领?

…………

明明是没有选择才苦恼，为什么有选择了还是要苦恼?

我们之所以会陷入选择困境，是由两方面原因造成的：

▶选择本身，是不能比较的等量关系

想象一下，如果我问你，早餐你想吃一个包子，还是两个包子？你会很难做出选择吗?

不会。

之所以不难做出选择，是因为包子是等质的，可以比较的，而数量一和二，只是从体量上让我更容易做出选择：胖子自然是吃两个，身姿小巧的人，一个可能就够了。

但是，如果我问你，早餐你是想吃燕麦粥，还是想吃芝士菠萝包？

噢，千万不要告诉我都要，只能二选一。

你是不是会稍微犹豫一下，然后再做出选择？

之所以会犹豫，是因为燕麦粥和菠萝包不是等质的，一个更有益于健康，适合健身人士；一个更满足味蕾，适合追求快感的人。

虽然都能让我们吃饱，但是遇见这样的选择题，我们还是会先评估自身，然后根据自己的状况去选择其中的一款。

同样的道理，我们之所以会陷入选择困境，就是因为我们遇到了燕麦粥和菠萝包的问题：它们是等量的（都能让我们吃饱），但却是完全不同的东西。

就好像给我来信的读者，她面临的选择：一个是留在小城市过安逸的小日子，一个是去一线城市面对更多的机会。

你能说哪一个更好吗？

不能。因为二者都是人生，但却是完全不同的、没有可比性的人生。

▸ 我们不太确信自己要成为什么样的人

我们之所以会纠结，除了选择本身不能比较，更重要的一个原因，是因为我们对自己想要成为什么样的人，不那么确信。

再说回燕麦粥和菠萝包，如果你让我选择，我会毫不犹豫地选择燕麦粥，因为我知道，如果选择菠萝包，我昨天晚上在keep

（一个运动App）上坚持的一个小时运动就白做了，而我想要的马甲线也会离我更远一点。

因为我有很清晰的目标，所以即便是两个不可比较的选择放在我面前，我也可以很轻松地根据自身的状况做出选择。

可现实是，人生的大目标，如要成为一个什么样的人，比一个小目标，如拥有马甲线，看上去难以定义得多。

人生百转千回，每一天都充满变化，“我怎么知道，自己将来会成为什么样的人？连川普都能成为美国总统，谁知道我是不是会成为美国的大法官呢？”

确实，我们的人生轨迹，除了靠自己的愿力和业力去塑造，也有很多偶然因素会对其造成影响，但是这并不妨碍我们对未来的自己有一个主观构想。

换句话说，**“你最终成为一个什么样的人”或许不等于“你想成为一个什么样的人”，但是后者，一定会在某种程度上意义重大地影响着前者。**

一旦你很清晰地有一幅自己希冀成为的画面，那么它索要的价码，你自然也了然于胸，你知道为此要付出什么，自然就不会不知所措。

然而，大多数的我们，对这幅画面却一无所知。

如何走出选择困境

如何走出选择困境？

根据上文的分析，我想你已经知道了这个问题的答案。

对，走出选择困境，最重要的就是找到你自己，想清楚自己想要成为一个什么样的人。

说起“自己”这个话题，我想起一件很有意思的小事。

在我之前的公司，我们部门要招聘新人进来，基本都是我做面试官。

对所有来参加面试的人，我基本上都会问两个问题：

你个人有什么兴趣爱好？

你理想生活是什么样子的？

答案真的很有趣。

我惊奇地发现，90%的面试者都拥有相同的兴趣爱好，那就是“读书”“运动”和“旅行”。而对于第二个问题，大部分人都有点语塞，然后说生活和工作保持一种平衡，大概就是理想生活的样子吧。

你是否也躺着中枪了，发现自己也是90%的“绝大多数”？

之所以成为“绝大多数”，是因为我们根本不了解自己。

喜欢读书？那你最喜欢的作家是谁？他的哪部作品对你影响最深？为什么其他作品你不那么喜欢？你最爱的那部作品里，最喜欢里面的哪一篇或哪个情节？

你能回答上来吗？

绝大多数人根本不知道自己喜欢什么，只是人云亦云地说自己喜欢读书、运动和旅行。

当然，丢失自己或许并不是你个人的错，而是跟我们的文化、我们所处的时代密切相关。

从文化方面讲，儒家文化从小就教育我们要成为一个有用的人，很早我们就知道“君君臣臣父父子子”，所以，在最早期的心智里，我们种下的是一个“公共的自我”。

所以当有人问我们“你是谁”的时候，我们通常介绍说自己是某个单位里的谁谁谁，或者是谁谁谁的家长，我们很少会说“我是一个热爱跳伞的胖子”“我是一个特别爱做菜的人”“我是一个写故事的高手”，等等。

所以，文化对我们的构建，就是放大了“公共自我”，而让“个体自我”的层面一直处于沉睡状态。

从时代方面讲，我们正处于一个物质主义大爆发的时代，世俗意义上的成功成为衡量个体价值的唯一标准。好吧，其实在东方，好像这个标准不曾变化过。

但是在中世纪或更早的西方，那时候人们还有信仰，一个人是否有价值，社会是无权评判的，只有神才能评判。所以面对一个世俗意义上不那么成功的人，人们不会报以鄙视的眼光，暗讽“你真不行”，而是会投以同情，说：“噢，你真不走运。”

写到这儿，还真是同情西方人，他们明明不用背负时代里公共话语的建构，过着更舒心的、有信仰的日子，不承想世界大同的今天，同样要面临被人指责“你不行”的难题。

正是因为这样的时代背景，媒体也聚焦那0.01%的成功人士，诱导我们每一个人朝着所谓成功的道路上前赴后继，哪怕还没来得及想清楚成功的内涵到底是什么。

所以，想要找到真正的自己，就要做一个勇敢的人，摆脱公共话语和传统文化对你的建构，拨开迷雾，去发现你那颗跳动的鲜红的心脏里，到底装着哪些可以让你的生活真正明亮的东西！

是的，我们无法成为与世隔绝的一座孤岛，但是你至少可以充满勇气地说：我的理想生活，就是开一间街边的小小蛋糕店，虽然它不能帮我赚很多钱，但是我会因此很快乐，很满足，这就是我定义的“成功”。

愿你能找到生命里最鲜活的东西，让它伴随你去成为那

10%，做最真实的自己，成为自己想成为的人。

当你能做到这一点，菠萝包还是燕麦粥，便不再是难题。

心启发

如何告别选择困难症

- 深入了解自己，找到自己最擅长、最喜欢、最感兴趣的事情或领域。
- 给未来10年的自己画一幅理想的画幅，基于这幅画，倒推现在，看看什么样的选择更容易接近理想的自己。
- 问清楚自己，为了你所做的选择，愿意付出多大的代价。

你怎样过一天，就将怎样过一生

心理关键词：习惯的力量

如果你浪费了自己的年龄，那是挺可悲的。

因为你的青春只能持续一点时间，

很短的一点时间。

——王尔德

你的每一天，其实都被习惯控制着

你的昨天是怎么度过的？

早上闹铃响了之后，起床刷牙吃早餐，然后搭上前往公司的地铁；

9点钟正式开始一天的工作，回复工作邮件之余再追一下娱乐热点；

下午6点终于到了，搭上回家的地铁，顺路再刷一期《奇葩说》；

吃完晚饭后，迎来了最舒服的沙发时间；

美好的闲暇时光终于在打游戏的满足中或者追美剧的欢愉中

度过了……床头灯拉下的那一刻，美好的一天画上了句号。

我相信，这是大部分人的“典型的一天”。我同样相信，大多数人都会认为是自己的主动选择，构造了这样的一天。

然而，事实的真相是，我们以为由我们自己掌控着的生活，其实都在被某种莫名的力量控制着。

这股力量叫作“习惯”。

不信的话，让我们来仔细剖析一下你典型的一天：

你早上收拾妥当，直奔地铁站的时候，想过有其他交通工具选择吗？

当你在办公桌前坐好，你甚至不用思考就先去登录微信电脑版，对吗？

下班回家的路上，你是不是本能地拿起手机，刷着娱乐热点或者朋友圈？

…………

上述这些行为表现，你都是认真思考过才去做的吗？

显然不是，它们都是基于习惯形成的自动化行为模式。

美国杜克大学早在2006年就通过实验表明，人每天有40%的行为都不是经由决定而形成的，而是出于习惯。

习惯的力量究竟有多强大？

查尔斯·杜希格在他的著名书籍《习惯的力量》中讲述了这样一个故事：一个叫作尤金的老头，因为脑部受损而导致失忆，有医院的工作人员拿着他家里的平面图，问他知道厨房的门在哪里吗？他摇头说不知道。又问他知道家周边都有些什么吗？他依旧摇头说不知道……在一问三不知的情况下，尤金被他太太贝佛力带回家照料。不幸的是，有一天早上，贝佛力突然发现尤金不见了，她心急火燎地四处寻找，最后在尤金没有失忆前经常去的公园里找到了他。更让人惊讶的是，贝佛力发现尤金居然可以自己从公园走回家。

也就是说，日积月累的习惯，它甚至不能被记忆或者意识发现和察觉，但却能够转换为潜意识，藏在我们的体内。它像一只无形的手，操控着我们日复一日的生活。

人与人的差距，藏在每一天的坚持里

这是一个耐心经常缺席、理想经常失约的年代，我们在其中浮游向前，焦虑和挫折感总是忍不住扑面而来。于是，我们渴望通过捷径，快速走向人生的巅峰。

这个世界真的有捷径吗？

有。

世界上唯一的捷径，就是你对良好习惯的坚持。

佛罗里达大学的安德斯·埃里克森通过研究证明，“天才”们获得成功的方式在某种意义上来说，都是平凡的、大众的，甚至有点清教徒式的。与所谓的天赋比起来，养成良好的习惯，并且有意识地对习惯进行重复练习，才是成功的关键因素。

卡内基·梅隆大学的学者约翰逊·海耶斯对500多首杰出的古典音乐作品进行了研究，也证实了上述观点。约翰逊发现，在500多首曲子中，只有3首是作曲家在职业生涯的前10年内发表的，而剩下的所有作品都是作曲家们在10多年坚实稳定的创作基础之上创作出来的，只有坚持了日复一日的长期创作，他们才能够为世人贡献出传世佳作。哪怕是音乐鬼才莫扎特，也逃不过这个定律。

虽然莫扎特在很年轻的时候就已经成名，但是他在青少年时代，每天都坚持大量的练习，很早就积累了一万多个小时的训练。正是因为有这样的积淀，莫扎特的指尖才能自如地流淌出动人的小夜曲。

对良好习惯有意识地进行重复训练，实际上就是将习惯内化为我们心智模式的过程，美国的马里兰州贝塞斯达实验室也从脑科学的角度印证了这个观点。

实验测试了一个34岁运动减肥的女性。在这位女性开始运动减肥之前，实验室通过科学仪器，检测了该女性在面对食物诱惑的时候，大脑某个部位会呈现出刺激的活跃区域。但是在这位女性坚持运动6个月后，科学家们再次对其脑部进行监测，发现虽然面对食物，这位女士还是会被刺激，但是同时由于运动也形成了新的活跃区域，与之前的刺激区域形成对抗。

也就是说，只要我们对某个习惯不断地重复练习，它就会改变我们的脑部结构，并将习惯内化为我们的自动化思维，从而指导我们的行为。

好习惯带领我们领略气象磅礴的人生，坏习惯则带来得过且过的人生。

所以，当你看到发展比你快5年的同学，不要再简单地解读为他只是运气好。其实，你们的差距是在每一天的习惯中形成和加深的。

改变一件小事，换来大不同的人生

养成良好的习惯，这大概是从小学的德育课本里，我们就知道的事，但是为什么，还是有那么多的人，难以改变不良的习惯呢？譬如想早起却起不来，想戒烟却戒不掉。

这个答案可不是一句“懒”或者“瘾”那么简单，它背后藏着更深邃的秘密。

▶ 你不肯改掉坏习惯，是因为你的潜意识里怕失控

人从本质上都不太愿意去改变自己，因为改变自己意味着要放弃熟悉的自我，重新塑造陌生的自我。对于陌生的东西，我们总是本能地感受到焦虑，安全感指数降低。

你可以想象一下，你要独自一人开启一段未知的旅行，你就能体验到人对陌生和未知的恐惧。之所以恐惧，是因为潜意识里害怕失控。

对于眼下的生活，无论是下班回家打游戏也好，还是周末睡到日上三竿也罢，虽然它看上去没那么积极，但至少随着岁月的流淌，小日子也是可以过下去的，它是熟悉的，是我们能够预知的，是潜意识里感觉安全的。可是一旦要我们对它动刀子，决定要改掉这习惯，就意味着我们要面对未知。改不掉怎么办？半途而废怎么办？改掉后，生活依旧没起色怎么办？这些可能出现的未知，都能让我们体验到挫败感和失控感，潜意识里为了躲避这种感觉，它宁愿让我们躲在舒适圈里过着数十年如一日的生活。

▶ 坏习惯是不会凭空消失的，它只能被替代

在查尔斯·杜希格的《习惯的力量》中，作者提到了这样一个被论证过的观点：**习惯是无法消失的，你想消灭坏习惯，只能选择用好习惯来代替它。**

所以，如前文所说的，很多人想戒烟却总是戒不掉，很可能是因为方法不对。如果你把强行不让自己抽烟的行为稍微调整一下，譬如每当你想抽烟的时候，都用嚼口香糖来替代，说不定成功就指日可待了。

最后要提醒大家的是，不要想一口就吃成一个胖子。

改变习惯，要坚持“小处着眼”的原则，不要一下子就给自己设立很大的目标，譬如每天要6点起床运动，然后做华丽复杂的早餐，晚上还要坚持看书背英语，等等，这一连串的要求，实际上会带给自己很大的压力，我们很容易因为完不成而放弃，从而体验到糟糕的挫败感。

有很多小而美的习惯，其实都能帮助改善我们的生活。譬如每周坚持给两个好朋友打个问候电话，会加强我们的人际关系；每天都做到及时回复同事的信息或邮件，会提升我们在职场上的信任感；等等。

这样的小事积累得越多，我们的自信心、满足感、快乐感都会随之放大，人生也将会实现大不同的飞跃。

愿你能掌控每一天，把本该辽阔的人生，活成色彩斑斓的大好河山。

心启发

如何培养好习惯并坚持下来

培养好习惯，意味着要走出舒适区，去体验失控的感觉，常常告诉自己不要害怕失控。

阶段性奖励自己，正向激励可以促使习惯得以坚持。

培养自己的耐心，树立相对长远的目标，然后分解目标去一步一步实现。

Nine

情绪：平静

怜悯，是对爱最大的误解

心理关键词：同理心

前阵子在微博上看到这样一条消息，内容是一个点餐的人和送外卖的工作人员的对话：

“像今天这样的下雨天，你们会不会讨厌那些点单的人？”

“怎么可能啊！最喜欢下雨天了，下雨天单子最多。有时候，业绩做不上去，就盼着下雨。我们送外卖的，挣的就是辛苦钱，不需要别人同情，把我们当成一个正常职业就好。”

这段对话让我想起了一部法国电影《无法碰触》。

你给的怜悯，可能别人并不需要

《无法碰触》讲述了一个白人富翁和一个底层黑人之间的故事。

白人富翁菲利普在一次高空跳伞中发生意外，致使脖子以下全部瘫痪，余生只能在轮椅中度过。为了找到一个好的陪护，菲利普发布高薪招聘广告，来者众多，有的是之前有过陪护经验的，也有一些是没有陪护经验的，应聘者里甚至还有律师。

当菲利普的助理问及“你为什么要应聘这个职位”的时候，

大部分人都表达说自己很有同情心和怜悯心，愿意把自己的这份爱传递给残疾人菲利普；当然，还有个别人，直言不讳地说是因为钱。

在应聘的过程中，一个黑人突然闯了进来，对面试官直言："我不是来面试的，我希望你们给我开一份面试证明，这样我才能去领社会救济基金。"他没有觊觎眼前的高薪，也没有表现出对坐在面试官旁边的残疾人菲利普有任何怜悯，除了挑逗了一下身材性感的菲利普的助理，眼前的一切好像都和他无关，他只担心自己领不到救济基金。

让黑人德瑞斯意外的是，他这个刚从监狱里出来、有吸毒嫌疑、没有过什么正经职业的人，居然在第二天接到了被雇用的通知。

很多人不明白菲利普为什么会选择德瑞斯，菲利普是这样回答的："因为他对我没有怜悯和同情，这样不会时时刻刻提醒我，我是一个残疾人。"

事实上，德瑞斯也没有让菲利普失望，他们一起去飙车、戏弄警察、约会、跳舞……德瑞斯像对待一个正常人一样对待菲利普，而也是在这份正常而平等的对待里，菲利普再次找到了生命的活力。他和德瑞斯一起去体验跳伞，还在德瑞斯的鼓励帮助下重新走进了婚姻。

我们每个人大概都有对别人表达怜悯的时候，比方说看见下雨天里送外卖的工作人员，酷暑天气里看见送快递的人员，在路边看到啃着馒头就着咸菜就是一顿的外来务工人员……我们大概都会忍不住把自己怜悯的目光投递出去。但是，很多时候我们都忘了换个角度想想：那些被怜悯的人，真的需要怜悯吗？

怜悯，作为一种情感表达，同时伴随了一种评价。**当我们在表达怜悯的时候，我们同时输出了对对方的评价：你是一个**

弱者。

可是，这些人在面对生活的仓皇和困顿的时候，没有选择投机取巧或者缴械投降，而是选择靠自己辛勤的劳动和努力，来改变这看上去惨淡的人生，这种态度本身不就是一个强者的选择吗？那我们又哪里来的底气去评价他们是一个弱者？

每一个人的内心里都有一片芳草地，我们用自己的努力去维护这片芳草地不被侵袭和践踏。可是，当我们对别人表达怜悯的时候，很可能就是我们伸出了剪刀，去剪掉别人内心里那些叫“尊严”的枝丫。

怜悯，是对他人的限制和剥夺

2017年6月，在华东理工大学的毕业典礼上，一个名叫高羽烨的女生，代表全校本科毕业生作毕业发言。

4分多钟，完成900多字的毕业致辞，这对于任何一个大学毕业生来说，可能都不是什么难事，但是对于先天失聪的高羽烨来说，这不得不说是一个奇迹。

安徽女孩高羽烨，父母都是天生的聋哑人，当她出生的时候，全家都盼望着这是一个健康的孩子。可是天不遂人愿，很快奶奶就发现高羽烨对声音没有任何反应。

先天失聪！面对这样一个诊断，我想很多父母都会绝望得瘫倒在地，并且对这个孩子会心生怜悯，然后尽自己最大的努力给予这个孩子特殊的关爱和照顾。

可是，高羽烨的奶奶对这个孩子没有表现出怜悯，从小就像对待正常孩子一样去对待她：拿着认字卡，训练她开口说话；3

岁的时候，把她送往普通幼儿园；然后让她以艺术生的身份念完小学、初中、高中……最后，高羽烨以文化课第一名的成绩，成功考入华中理工大学的艺术与传媒学院。

每个人的一生，本质上都是在寻找认同的过程。

如果高羽烨的奶奶，像大多数家长一样，把高羽烨看作一个特殊的聋哑儿童，然后对她施与怜悯和特殊照顾，那么高羽烨就会从奶奶对她的态度和认同里，认识到这样一个自己：我是一个残疾人、我和别人不一样、我需要别人的帮助和同情。

而伴随着对自己这样的认知，高羽烨自然也会长成一个自卑的、胆小的、害羞的、恐惧挑战的聋哑女孩。

值得庆幸的是，高羽烨的奶奶并没有对她表现出任何怜悯，而是通过无差别对待的方式，对她表达了尊重。在奶奶的尊重里，高羽烨获得了对自己这样的认同：我和别人一样，我也可以讲话，我可以上大学，我可以成长为一个更加坚强和乐观的人。这样的认同，造就了一个自信的、积极向上的女孩。

当我们对别人表达怜悯的时候，本质上是帮助对方在心智上建造一座监狱，让对方在这监狱里，看见自己的灰头土脸和弱不禁风，而这，就是对别人的限制和剥夺。

怜悯，不等同于同理心

早些年，我带过一个刚毕业的实习生，那是一个很有礼貌、也很替别人着想的女孩子，由于经常带着她出采访任务，所以我们俩也常常一起吃饭。

一起吃饭的次数多了，我发现一个现象：如果是在食堂吃，她常常会选择一份米饭加一份青菜；如果是在外面吃，她总是点最便宜的快餐。后来通过聊天了解到，她来自一个贫困村，父母都是农民，全家的年收入加在一起大概就1万块钱出头，为了减轻父母的负担，她总是省吃俭用，而且几乎不买新衣服。

听了她的故事之后，我的同情心开始泛滥起来。我先是把她拉到了我的家，找了一堆我不穿的衣服送给了她，然后跑去单位的食堂充值一张500块钱的饭卡拿给她，并且面对她的拒绝还说了类似这样的话："你拿着吧，反正我也不差这500块钱。"

没过多久，那个实习生找主编申请调去了其他部门。

心理学上有一个词，叫作"同理心"，但是我们常常把"怜悯"和"同理心"混淆了。

身处怜悯关系中的两个人，本质上是不平等的。表达怜悯的那个人，仿佛身在高处，通过怜悯能够体验到自己的优越感，就好像我对那个实习生说的"反正我也不差这500块钱"，就是潜意识里对优越感的满足；而被怜悯的那个人，则在这样关系中体会到羞耻感，而这种羞耻感又会正向强化他的自卑，从而让他感受到愈加匮乏。

而"同理心"则不同，同理心是在彼此关系平等的前提下，我能够感受你的感受，并且给予你一些支持性的反馈。

再以我和那个实习生为例，如果我要表达同理心，正确的做法应该是这样的：在听到她和我讲述她的背景和家境之后，我应该这样告诉她："你的父母真的很爱你，在那么艰难的条件下，还坚持让你读书；你也真的很优秀，从那么贫困的环境中，靠自己的努力能够改变命运。我相信你只要继续努力，你一定会越来越优秀，并且能够让你的爸爸妈妈过上更好的生活。"

这段陈述里，包含了两层含义：其一是我能够理解她的艰难；其二是我表达了对她的正向认同，而她会在这样的认同里找到更多的自信。

我们每一个人，大概都希望自己能够温情地过完这一生，少经历一点坚硬、残忍和鄙夷。那就先让我们学会一件事吧，收回自己的优越感，慎用你手中的怜悯，把骄傲留给自己，把柔软送给他人。

心启发

如何才能做一个有同理心的人

- 要锤炼自己的空杯心态，你装得越少，听到对方的内容就越多。
- 聆听的过程中，不要加工处理，不要投射，而是打开感受层，去感受他人措辞背后的情感。
- 尽量表达情感支持，而非点评和建议。

善待你的坏情绪，它比快乐更懂你

心理关键词：情绪管理

人就像一所客栈，
每个早晨都有新的客旅光临。
不管来者是“恶毒”“羞惭”还是“怨怼”，
你都当站在门口，笑脸相迎，
邀他们入内。
对任何来客都要心存感念，
因为他们每一个，
都是另一世界，
派来指引你的向导。

——鲁米（东罗马帝国时期著名诗人）

相比快乐，坏情绪才是你的代言人

大概没有人会想要主动去追寻难过、悲伤、愤怒、恐惧等坏情绪，我们都是很本能地向往快乐。但是，你有没有想象过这样一种情境：如果人生中只剩下快乐，那会是什么样子？

美国作家乔治桑德斯在他充满未来寓言色彩的短篇小说《逃离蜘蛛头》中，就帮我们设想了这种情境。

小说主人公是某项实验的研究对象，该实验通过手术将一个叫“随身滴”的仪器移植到他的后腰上，然后将可以改变思维和情绪的药物输入他的体内。在一次实验中，他被安排和一个叫希瑟的女人同处一室，起初，他觉得这个女人让人很倒胃口，可是当身体被输入一种经过精准确定的爱/性的药物之后，他立即就被迷得神魂颠倒了，并且确认希瑟就是自己的完美伴侣，梦中情人。也就是说，通过“随身滴”的调节，这位男主人公的世界里不再有难过、愤怒、厌恶等坏情绪，他的世界里只剩下快乐。

想象一下，也给你的身体装一个这样的“随身滴”：你开始爱上原本特别讨厌的一个人；你开始享受最不喜欢的洋葱派和榴梿；你面对凌乱不堪的房间竟然觉得舒适；你眼看着爱人逝去却平静到嘴角上扬……你愿意吗？

我相信大多数的人，都会回答：不愿意。

之所以不愿意，是因为仅存的快乐情绪剥夺了我们的选择权，“我”不再是我。

看到凌乱的房间，我会烦躁会心情不好；面对讨厌的人，我会针锋相对会翻白眼；闻到榴梿味，我会感觉到恶心想吐；眼见爱人离去，我会难过到痛哭流涕……

生气、恶心、难过，这些都是不受欢迎的坏情绪，但恰恰是它们，能够确认我们的存在，证明“我”是我，帮助我们抵抗潜意识里对孤独和死亡最根本性的焦虑。

在这世上，有人众望所归地活着、有人不可理喻地活着、有人怪异地活着、有人精明地活着、有人正确地活着、有人傻傻地活着……比起那些外显出来的表演姿态，你的情绪拼图，更能够阐明你以什么样的姿态活着，也更能证明你为何是独一无二的。

所以，不要再戴着有色眼镜，喝斥跑出来的坏情绪，它们可是你的代言人，表达你、演绎你，谱写你人生里的动人斑斓。

坏情绪里，藏着你不想面对的自己

情绪的本质，是我们面对一件事情或者一个人所给出的反应，个体不同，反应模式也不同。譬如同样面对朋友的建议“你今天的口红颜色好像不太适合你”，有的人会说“谢谢你的提醒，我等会儿换一个颜色”；也有人可能会说“又不是你给的钱，你管得着我涂什么颜色吗”。

后者的表达里，很显然夹杂着自己愤怒的情绪。

为什么呢？为什么面对同样一件事情，有的人体验到的是温和或者快乐的情绪，而有的人感受到的却是愤怒或者难过的情绪？

是因为我们所产生的每个情绪，都不是单纯的当下事件导致的，它都伴随着过往未处理的怨恨和委屈。

让我们再玩一个游戏，这次要穿越回你的童年，假想一下，你生活在一个不那么有爱的家庭里。

那是你五六岁的时候，有一天，你那喜欢酗酒的父亲深夜才回到家，你母亲忍不住怒气，上去质问他为什么又这么晚才回来。你父亲用凌厉的眼神瞪着你母亲，威胁道，如果她再这么啰唆他就不客气了。你母亲的刚硬脾气让他们再次发生了冲突，这时你父亲真的拿起手边的皮带对你母亲进行抽打……而这一切，都被刚刚睡醒的你目睹了。

想想看，彼时彼刻的你，会是什么样的感受？

你也许很害怕，你害怕他们任何一个人受伤，你很想去制止这场战争。但遗憾的是，你那个时候太小了，只能躲在家里的某个角落里，无助地哇哇大哭。你的世界风雨飘摇，被恐惧、愤怒、难过、无助塞满。

后来，你长大了，你以为过去的一切，都随着时间烟消云散了。但是你不知道的是，那个五六岁的你，通过记忆、潜意识等各种途径，成为一部分现在的你。

当有类似的场景再出现的时候，譬如另一半对你表现出冷漠、同事对你表现出否定，你都会本能地火冒三丈。是因为重现的场景，唤醒了潜意识里的那个五六岁的你，那个充满无助和绝望的你，你不想再次体验那种糟糕的境遇，所以你选择用愤怒去抵抗。

所以，**每当有坏情绪袭来的时候，它都隐藏了一段悲伤的往事，那里更是隐藏了一部分我们不愿去面对的自我——那个内心不安、充满恐惧、无效抵抗、改变不了、痛彻心扉的自我。**

相比快乐，坏情绪可能更加深邃，它虽然会带我们重回黑暗，但也同时在提醒我们，作为一个曾经探望过深渊的人，更应该强大到无所畏惧。

所有的坏情绪，都是通往成长的契机

我们每个人都不可避免被坏情绪袭击，愤怒、悲伤、难过……在这些不愿意被体验的情绪里，除了在诉说我们早前的故事之外，更隐藏了诸多成长的契机。

前几天和我的好朋友张大妮一起吃饭，席间因为某个话题，她有点愤怒，对此，有朋友说她有点小题大做，还有朋友运用心理学原理，分析指出张大妮内心很脆弱才会容易愤怒。

不过对这些反应，张大妮不屑一顾，理直气壮地说："我表达愤怒，是为了维护我的边界，世道如此惊险，如果我不强悍点，还怎么赚钱，怎么养家，怎么让人生开出灿烂的繁花？"

寥寥数语，却赢得掌声一片。

是的，坏情绪本身没有错，甚至表达坏情绪也没有错。唯一可能错误的就是你如何看待它以及转化它。

我大学期间有个同学，来自云南山区，长得有点弱小，也不太懂时尚，普通话又不好，所以同宿舍甚至同班的同学都不怎么理她。身为当时的班长，为了维护班级的团结和谐，我还总是适当地找她聊聊天。可是经常在我找她的时候，她不是在图书馆里看书，就是在体育场上跑步。4年过去，那个曾经不被人待见的丑小鸭，最后考上了北大传媒学院研究生，时尚品位也一路飙升，蜕变成为白天鹅。

我们有的任何情绪，包括伤心、委屈、绝望、无助等，本质上来说都是一种攻击，对于这种攻击，发泄抱负是一种表现形式，升华转化也是另外一种表现形式。

就像我的那个同学，在同学们冷漠的对待里，她一定感受并觉察到了自己的难过。但是，她并没有让难过肆意蔓延，变成对别人的不满和指责，而是转化为内在的动力，发奋图强，完成蜕变。

我们不必像个小孩子一样，难过了就哇哇大哭，开心了就哈哈大笑，不爽了就怒怼别人。我们需要像个成年人一样，正视那些悄然出现的坏情绪，听听它到底在说什么，你的潜意识里又在抵抗什么，然后学会智慧地去处理它。

只有当你不再对坏情绪抱有偏见，勇敢地正视它的时候，成长的可能才会出现。你会在和它的共处中，倒掉过往的悲伤，修剪出大气磅礴的自己。

心启发

如何有效管理自己的负面情绪

- 和情绪对话，问问它为什么到你这里来，延迟本能的情绪发泄。
- 转化负面情绪，如果是过度压抑的情绪，可以尝试通过类似唱K的方式释放它；如果是特别容易爆掉的情绪，可以在情绪来临的时候，先离开情绪发生的情境，让自己平静下来。
- 每天可以做一些冥想练习，内观自己的情绪，逐渐去掌控它。

真诚地表达自己，是最有效的沟通方式

心理关键词：防御性沟通

心理学研究表明，良好的人际关系是人们最重要的幸福感来源。这句话反过来说，似乎也是成立的：很多人的痛苦，是源于人际关系出现了各种问题。

链接关系的是沟通，所以为了解决痛苦，很多人去看各种关于沟通的书，去听五花八门的情商课，可到头来关系似乎并没有好转。

大道至简。其实很多东西回归到本质，都是非常简单质朴的，于沟通亦是如此。

真正最有效的沟通方式，没有那么多花里胡哨的技巧，只是真诚地表达自己便足够了。

你真的能真诚表达吗

真诚地表达自己，看似没什么困难，但是很多人都做不到。不信吗？来看看下面的场景：

你和恋人吵架了，对方愤怒之下摔门而去，你明明内心很担心对方，但是却在微信对话框里输入："有本事你就永远别回来找我！"

明明很喜欢一个人，没事就翻看人家的朋友圈，可却总在见面的时候，展现出一副高冷的姿态，仿佛在表达"我对你毫无兴趣"。

明知自己的某些行为伤了朋友的心，很想主动说一句"对不起"，脱口而出的却是："那这件事情的责任也不全在我啊……"

…………

有没有觉得这些场景很熟悉？是不是发现：噢，原来真诚地表达自己，真的不是一件简单的事啊！

那么问题来了：为什么那么多人无法真诚地表达自己呢？

人是具有情感的社会性动物，我们之所以在关系中无法真诚地表达自己，本质上是因为我们害怕体验到被伤害。

沟通中常用的游戏

为了避免体验到被伤害，我们在人际关系沟通中，就特别喜欢玩以下几个游戏：

▶第一个游戏，叫作：高姿态

关于高姿态，最具画面感的解释，大概就是平时看到的一些高冷的女神/男神，他们在关系中把自己放在高高在上的位置，给对方造成一种距离感和压迫感，努力营造让对方仰视的错觉。

但是当你真的走进他们的内心，你会发现高姿态的背后，大多都住着一颗玻璃心：别人一句拒绝的话语、一个嘲笑的眼神，都可以击溃他的内心，让他难受好些天。

高姿态的背后，实际上是内在自我的虚弱。虚弱的自体不足以应对这个外部世界的恶意，所以他们就给自己套上了一个高高在上的罩子，让别人敬而远之，这样就不用让自我体验到被拒绝、被嘲笑等人际关系的痛苦了。

高姿态者的内心，实际上对温暖的人际关系有着很强烈的渴望，可是碍于易破碎的内心，他们又不敢表达自己真实的内心、真实的愿望，所以他们只能在自己的世界里一直高冷着，在真实的世界里孤独着。

▶ **第二个游戏，叫作：你错了**

“你错了”这个游戏，可以又名“习惯性批评指责”。

生活中，我们或许总会遇见这样的人：他们习惯在互动中挑别人的毛病，然后给对方贴上一些标签，或者直接批评指责，他们从来不说自己在关系中有任何不妥之处，永远都是别人在犯错。

任何一个完整的人，都是由光明和阴影两个部分组成的，对自己的阴影部分接受度越大，对别人也就越宽容，反之亦然。

由此可知，一个人在人际沟通中总是习惯性指责别人，本质上是他无法接受内在自己某些阴影的部分，他无法承认糟糕的关系也有自己的一部分原因。

经常玩“你错了”游戏的人，内心其实也知道自己有某些不当之处，但是由于对自我不接纳，导致他没有办法坦然承认自己的过失，只能通过指责别人，来维护“我是正确的”“我是对的”这样的完美幻想。

▶ 第三个游戏，叫作：别废话

“别废话”这个游戏，还有另外一个名字：见诸行动。

见诸行动，是指一个人在面对一些冲突性问题的时候，不会选择心平气和地和对方沟通，而是直接通过某种行为方式来表达自己的愤怒和不满。

比方说，你对某个异性表达好感，对方没有给予你想要的回应，你就直接把对方的微信拉黑了；再比方说，有些人在和另一半吵架的时候，二话不说就选择离家出走……

为什么一个人不能好好说话，非要用行动的方式来表达自己呢？

因为在这个人的潜意识里藏着他没有办法面对的冲突，比方说被拒绝的感受、被抛弃的感受等，他害怕面对这些感受，所以就不会选择在这些可能发生的感受上面停留，而是直接用行动的方式，来避免这些感受真实地发生。

见诸行动，通常也会和很多情绪相伴，比如说对他人的愤怒、指责，当然，这些情绪也会指向自己，所以，在关系里常常用“见诸行动”的方式来进行沟通的人，往往在情绪和情感上，伤人又伤己。

真诚表达是面向自我

上面提到的这三种在关系沟通中常见的模式，本质上都是心理学中所说的“防御方式”，即通过这样的模式，来避免自己体验内心一些真实存在的冲突。

是的，通过这些防御方式，我们确实可以让自己不用体验被拒绝的感受、被抛弃的感受，但是，与此同时，它也防御了真实的自我：自我的恐惧、自我的渴望、自我的情感、自我的流动。

当真实的自我被这样掩盖之后，也意味着别人很难和你发生链接，爱与被爱的体验也很难在你的身上呈现。

你可以选择通过防御方式给自己建造一个安全的岛屿，一辈子都不用体验疼痛感，但与此同时，也意味着你内心终究只能荒芜一片，没有人可以触达你内在的无人区，你无法体验生命被照亮是一种什么样的感受。

当然，你也可以选择放下防御，真实地表达自己，诉说自己的恐惧、渴望、向往。是的，你可能会遭遇拒绝、抛弃，体验疼痛和哀伤，但是你也赢得了对自我的忠诚，赢得了人生旅途上的无憾。

在关系，尤其是亲密关系的沟通中，再多的技巧，再多的花招，都不如真诚地表达自己。

真诚地表达自己，就是我不管你怎么想，我也不管你打算怎么应对我，我只负责表达我自己最真挚的情感、最真实的渴望。如果你恰好也与我有情，那就对酒当歌，品酒赏月；如果你对我无意，那就拍拍尘土，起身告别。

真诚地表达自己，犹如“我干了，你随意”的豪情，考察一个人面对自我的勇气和胆魄。

真诚，是具有穿透力的。当你赤诚与人相见，即便对方拒绝拥抱，也通常都会放下手中的刀枪剑戟，以你为镜，回看自身。

放下姿态，也放下防御吧，找一个相爱的，或者想爱的人，说说内心那些害怕的、担忧的、渴望的事，你会发现，世界忽然明亮好多。

心启发

如何真诚地表达出自己

- 平静。当你陷入人际冲突的时候，先让自己平静下来，不要一冲动就口不择言地说一些伤人伤己的话。
- 内观。平静下来后，问问自己内心的真实想法是什么，告诉自己不要被恐惧驱动，要战胜恐惧，成为它的主人。
- 勇气。想要战胜自动化思维和内心的恐惧，并非一件简单的事，需要你激起内心的勇气，说出自己想说的话。

“我很重要”，到底重不重要

心理关键词：自我价值

日常生活中，总是会出现这样的情境：

情侣吵架了，原因是“他对我不够好”；

朋友闹掰了，原因是“他没把我当朋友”；

同事矛盾了，原因是“他有问题，他凭什么这么对我”；

…………

其实，这些都不是真正的原因，真正的原因可以归结为一条：我在他那里，不那么重要。

你为什么那么渴望“我很重要”

你有没有想过这样一个问题：为什么一定要在别人那里很重要，你才会安心，才会不吵不闹？

是因为“不重要感”会激发你的“被抛弃感”，也就是说你认为如果别人觉得你不重要，他就随时可能会离开你，抛弃你。

那为什么你会对被抛弃如此恐惧呢？

有的人可能会说，因为我不想一个人孤零零地活着；

有的人大概会说，被人抛弃是很丢脸的一件事；

还有人也许会说，被抛弃会让我产生很深的挫败感；

…………

其实，这些都只是很表象的答案。

你之所以如此恐惧“被抛弃”，是源于潜意识深处对死亡的恐惧。不仅仅对“被抛弃”的恐惧，可以说我们大多数的恐惧，其实都是源于对死亡的恐惧。

想象一下：

一个几个月大的婴儿，如果在和母亲的互动中，体验到自己是不重要的，体验到自己有可能被抛弃，他是不是会非常惊慌和害怕？害怕的不是母亲的离开，而是没有了母亲的喂养，他就没有生存下去的本事，就不得不面对死亡。

再想象一下：

一个几岁大的小孩，面对此起彼伏的家庭战争，他也一定感到很害怕，他害怕的不仅仅是父母不要自己了，他潜意识最深处的害怕，是如果父母不要他了，他从哪里获得食物，从哪里获得保暖用的衣物？他没有能力获得这些让自己活下去的物资，他还是要面对死亡。

在我们生命的最早期，我们在潜意识里就把“被抛弃”与“死亡”画上了等号，所以我们会觉得“被抛弃”是如此可怕和令人恐惧。这也可以解释，为什么有一些人在恋情不顺遭遇抛弃的时候，会选择各种各样的方式自杀，因为他的潜意识里认为，被抛弃就是自己要死掉了。

没有人会向往死亡，所以，也没有人会喜欢自己被抛弃。

如何才能不被抛弃呢？在对方的生命里，如果你足够重要，才能避免被抛弃的命运。

这就是你为什么如此渴望“我很重要”的答案。

如何证明“我很重要”

既然，感觉到“我很重要”很重要，那么如何才能证明“我很重要”呢?

如果对方什么事都听我的，那不就说明我很重要了吗?很多人都会这样想，于是乎，无论是通过一哭二闹三上吊的方式，还是采用表面温和背后尖锐的怀柔政策，总之，他们会使用浑身解数，让对方听自己的。

一旦对方真的听他的，他便会感觉自在通畅，有一种“我是世界中心”的快感。

但是你知道吗?“我是世界的中心”，是一个人关于自我最大的误解。

美国有心理学家做过一个很好玩的实验:

在美国的婚姻注册中心去访问刚结婚的新人，问他们这样一个问题:“你觉得你会和另一半离婚吗?”80%的新人回答:“我绝对不会和另一半离婚的。”

但事实上，美国公开的离婚数据显示离婚率高达50%，而且这还不包括没有办理法律文书但早已分居的夫妇。

这个实验说明了什么问题呢?

说明我们每个人对自我的认知都是有偏差的，我们可以把它称为关于自我的积极认知偏差。意思是说，我们会在不经意间习惯性地夸大自己的感受，夸大自己的能力，夸大自己的体验，最终导致一种不切实际的“自我中心感”。

存在主义哲学家萨特在他宣扬“他人即地狱”的剧本《紧

闭》里，写过这样一句话："他人就是我，他人就是另一个我，他人就是那个不是我的我，他人就是我所不是的人。"

听上去很像绕口令，其实这句话可以简单地理解为：

虽然人与人有很多表面上的不同，比方说有人喜欢吃馒头，有人喜欢吃包子；但在本质上，人也有很多共通的人性，比方说都不喜欢被批评指责，都不喜欢被他人无视。

所以，当你用"他一切都听我的"来证明自己的"重要感"，本质上是在用控制的方式剥夺他人的意志。也就是说，你的存在感是建立在他人的毁灭感之上的。

对此，你有问过自己这样一个问题吗：那个被你剥夺自由意志的人，是什么感受？他能体验到"我很重要"的感觉吗？如果有一天他反抗你的剥夺，你怎么办？

所以，**这种建立在对他人的剥夺之上的"自我重要感"是虚幻的，因为他人一旦不同意，你的"自我重要感"就会被摧毁。**

依托自我的"重要感"方能恒久

既然，依托他人的"自我重要感"行不通，那么如何来获得"我很重要"的信念呢？

在回答这个问题之前，我们来讲一个众人皆知的禅宗小故事。

说的是释迦牟尼有一次在灵山大会上说法，其中有一个弟子问他："世尊，我想问您，到底如何才能参悟圣道？"

释迦牟尼听闻不语，手摘一朵鲜花示人微笑。

众人皆漠然，只有世尊旁边的迦叶破颜微笑了。

后来，世尊传法与迦叶。

没错，这就是禅宗里“拈花微笑”的故事。

你有端详过路边绽放的野花吗?

我想，在我们匆匆忙忙的人生中，很少有人能够诗意地停下来，去端详路边那一朵朵不起眼的野花，在我们每个人的眼里，它们似乎都是那么的不重要。

但是，这些野花没有因为没有人端详它，就不绽放了；也没有因为遭遇过暴风雨，就不再成长了，它即便凋谢了，也还是会重新发出新芽，再次含苞待放。

所谓“一花一世界”，既是说花与花之间的不同，也是说每朵花都有自己的生命，每朵花都自成一个生态系统，即便没有外界关照，它依然可以在自己的世界里自由地花开花谢，绽放凋零，这就是一朵花所呈现出的生命力。

花是如此，人又何异?

只有不啻外物，依托自我的“重要感”，才能成为我们自身最重要的生命力，支撑我们扛过黑暗，自由绽放。

早在2000多年前的轴心时代，古希腊哲学家苏格拉底把太阳神阿波罗神殿上的那句“人啊，认识你自己”作为自己最重要的哲学研究命题，他一直试图寻找“你是谁”的答案。

对这个问题，我想，600多年前的中国哲学家王阳明给这个问题写了一个很好的答案：我本具足。

我就是我，我渺小如尘埃，却也庞大如宇宙。

我存在的本身，就是最美丽的呈现。

我无须他人的凝视，也可以自由地绽放，就像一朵花一样。

心启发

如何提升自我感

- 尊重自我的感受，和自己内心深处沟通对话，尽量减少违心的选择。

- 学会主动思考，减少外界对自己的影响，建立自己的世界观和价值观。

- 建立并维护好自我的边界，你无须通过讨好或压抑的方式为他人的情绪负责。